विज्ञानी संत

डॉ. हरीश मल्होत्रा

क्रम-सूची

आमुख

डॉ. हरीश मल्होत्रा की पंजाबी पुस्तक "विज्ञानी बाबे" का हिन्दी संस्करण "विज्ञानी संत" छापते हुए अपार हर्ष का अनुभव हो रहा है। यह पुस्तक संसार के प्रसिद्ध वैज्ञानिकों के जीवन पर आधारित है। लेखक ने बड़े ही रोचक ढंग से इन महान वैज्ञानिकों की जीवनियों को प्रस्तुत किया है। बीच-बीच में लेखक हरीश मल्होत्रा जी ने अपने मौलिक विचार भी व्यक्त किए हैं, जो बहुत ही प्रभावशाली सिद्ध हुए हैं।

आशा है हिन्दी-जगत इस पुस्तक का स्वागत करेगा और लेखक द्वारा की गई मेहनत का अधिकतम लाभ उठाएगा। हमें अपने महान वैज्ञानिकों की कद्र करनी चाहिए, जिन्होंने अपना सारा जीवन नई-नई खोज करके मानव-जाति के कल्याण के लिए होम कर दिया। इनके चित्र हमारे घरों में होने चाहियें। ये नेताओं, अभिनेताओं की तरह लोकप्रिय चेहरा होने चाहिए। इनके जीवन की महत्त्वपूर्ण घटनाओं पर प्रेरक-प्रसंग के रूप में चर्चा करनी चाहिए। इन विज्ञानियों को संतों जैसा उच्च दर्जा देना चाहिए। इनके प्रति अपनी कृतज्ञता व्यक्त करने के लिए समाज द्वारा विज्ञानियों के जन्मदिन और पुण्यतिथियाँ उत्साहपूर्वक मनाने चाहिए। ढोंगी बाबा तो समाज पर बोझ ही हैं। वास्तव में इन विज्ञानी संतों की तपस्या के फलस्वरूप ही आज हम इतना अच्छा जीवन जी रहे हैं।

गंभीर पाठकों के लिए सुझाव है कि इस प्रकार की पुस्तकों को विशेष अवसरों पर उपहार के रूप में देना अच्छा होगा, विशेषकर बच्चों को, क्योंकि ये हमारे देश के भावी नागरिक हैं। जय इंसान जय विज्ञान।

मनोज मलिक

2291, सेक्टर 23 सी, चंडीगढ़ - 160023

सचिव, चंडीगढ़ ह्यूमनिस्ट एसोसिएशन

2 जुलाई 2024

Vigyani Sant (Hindi)
Dr. Harish Malhotra (Birmingham, UK)
Hindi translation of Punjabi Title : Vigyani Babe
*

प्रकाशक : चंडीगढ़ ह्यूमनिस्ट एसोसिएशन
प्रथम संस्करण : जुलाई 2024
ईमेल : chandigarhhumanists@gmail.com
*

यह पुस्तक नोशन प्रेस, अमेजन इंडिया, अमेजन यूके, फ्लिपकार्ट पर अनलाइन बिक्री के लिए उपलब्ध है।

प्रस्तावना

हरीश मल्होत्रा द्वारा एक कमाल की पुस्तक लिखी गई है।

मुझे कभी पूछने की जरूरत महसूस नहीं हुई, इसलिए मुझे नहीं पता कि हरीश मल्होत्रा मुझसे बड़े हैं या छोटे, लेकिन मैं आपको बता दूँ कि मैं उन्हें पत्रकारिता के क्षेत्र में आने से पहले से जानता हूँ। हमें आपस में मिले काफी समय हो जाता है, लेकिन हमारा प्यार कायम है और रहेगा। बेशक उनकी कई रचनाएँ पढ़ी हुई हैं, लेकिन जब हमारे पारस्परिक मित्र निर्मल सिंह संघा ने बताया कि हरीश मल्होत्रा ने उन महान लोगों के बारे में एक किताब लिखी है, जिन्होंने विज्ञान के क्षेत्र में महान खोजें करके दुनिया भर में मानवता की सेवा की है, तो सुनकर मुझे बहुत खुशी महसूस हुई। जब निर्मल सिंह ने मुझसे उस पुस्तक के बारे में अपने विचार लिखने को कहा तो मैं तुरंत तैयार हो गया, लेकिन हमारे पत्रकारिता क्षेत्र में नए-नए सूरज उगते रहने, नई-नई घटनाएँ घटित होते रहने के कारण व्यस्तता अधिक रहती है, इसलिए इस कार्य में काफी विलंब हुआ। हालाँकि, मुझे यह कहना जरूरी लगता है कि मुझे प्रस्तावना लिखने में देर हुई है, लेकिन किताब की पांडुलिपि पढ़ने में मुझे देर नहीं लगी; पांडुलिपि मिलते ही मैंने उसे अपनी गाड़ी में रख लिया और शहर से बाहर निकलते ही मैंने पूरी पढ़ डाली।

जैसे ही मैंने यह पुस्तक पढ़ी, मैं आश्चर्यचकित रह गया और आश्चर्य इस बात का नहीं था कि हरीश जी ने इतनी सुंदर पुस्तक लिखी, बल्कि इसलिए कि वे महान वैज्ञानिक हमारे जैसे साधारण घरों में पैदा हुए, सामान्य जीवन से ऊपर उठकर हमें कितनी बड़ी खोजें दे गए। उनके योगदान के बारे में अधिकांश आम लोगों को जानकारी नहीं है, जो रोजाना उनके आविष्कारों का उपयोग करते हैं।

जब न्यूटन एक पेड़ के नीचे बैठे थे तो अचानक गिरे सेब ने दुनिया बदल दी। सेब को इस तरह गिरते हुए देखने वाला वह न तो पहला व्यक्ति था और न ही आखिरी व्यक्ति, लेकिन सेब को इस तरह गिरते देखकर किसी और ने उसके जैसा नहीं सोचा कि यह इसलिए गिरा है क्योंकि पृथ्वी उसे अपनी ओर खींचती है। पृथ्वी के गर्भ के अंदर ऐसा क्या है, जिसके कारण पृथ्वी हर चीज को अपनी ओर आकर्षित करने का काम करती है, यह देखने के लिए कुछ वर्ष पहले एक बरमे से पृथ्वी के गर्भ में छेद करने का प्रयास किया गया था। न्यूटन की महानता यह थी कि उन्होंने सेब को गिरते हुए देखा और दुनिया को आगे की खोजों का रास्ता दिखाया।

बचपन में हमने भी अपने घर में बर्तन में पानी उबलता और उसके ऊपर रखा ढक्कन कई बार उठते-गिरते देखा था, लेकिन हममें से कोई भी जेम्स वाट जितना बुद्धिमान नहीं निकला। उन्होंने इस उबाल को देखा और उसके आधार पर भाप-इंजन बनाया और वह भाप-इंजन फिर दुनिया भर में औद्योगिक क्रांति का मूल आधार बन गया। इस प्रकार जॉर्ज स्टीफेंसन ने रेलवे ट्रैक को लोगों की सेवा के लिए समर्पित कर दिया और अन्य सभी ने अपनी गणना और ज्ञान से दुनिया को उस राह पर खड़ा कर दिया, जिसके बारे में तब तक किसी ने नहीं सोचा था। हम सभी को अपने हाथों में मोबाइल फोन पकड़े हुए देखा जाता है, लेकिन कम ही लोग जानते हैं कि अपनी माँ की सुनने की क्षमता में कमी के कारण ग्राहम बेल ने दुनिया को पहले टेलीफोन से परिचित कराया, और उसके बाद मार्कोनी ने बेतार से बातें करने का सिस्टम दुनिया की झोली में डाला। मैरी क्यूरी की रेडियम की खोज से लेकर, या बाद में डार्विन की हर इंसान और हर जीव-जंतु के मूल में एक सरीखे बीज की खोज तक, हर महान व्यक्ति ने दुनिया की जो सेवा की है, उसका जिक्र करने के लिए अक्षर कम पड़ जाते हैं।

मैं उन भावनाओं के बारे में लिखते जाना चाहता हूँ, जो इस किताब को पढ़ने के बाद मेरे मन में उठीं और अब भी उठ रही हैं, लेकिन बहुत अधिक इसलिए नहीं लिख सकता क्योंकि पाठक को किताब भी तो पढ़नी है। अगर सब कुछ प्राथमिक शब्दों में लिख दिया जाए तो पढ़ने का मजा नहीं रहेगा। इसलिए जब मैं आपके सामने हरीश मल्होत्रा की किताब पेश कर रहा हूँ, तो मैं बहुत कुछ अनकहा छोड़ रहा हूँ। पर मैं एक बात कहे बिना नहीं रह सकता कि यह कह देना थोड़ा है कि उन्होंने एक बहुत सुंदर किताब लिखी है। दरअसल, हरीश जी ने एक बार फिर ऐसी किताब लिख दी है, जिसे सुंदर कहना भी अल्पकथन ही होगा। मेरी ओर से शुभकामनाएँ।

--- जितेंद्र पन्नू

(प्रसिद्ध पंजाबी पत्रकार, "नवां जमाना" के संपादक रह चुके हैं; प्राइम एशिया टेलिविजन में सक्रिय)

भूमिका

जिंदगी जीने का एक नजरिया (लेखक की बात)

पश्चिमी देशों के लोगों और भारतीयों का जीवन के प्रति दृष्टिकोण एक-दूसरे के बिल्कुल विपरीत है। पश्चिमी देशों के लोग हर जगह विज्ञान को आगे रखते हैं और इसीलिए उनका पालन-पोषण, संस्कृति और जीवन-पद्धति तर्क और विज्ञान पर आधारित है। यही कारण है कि उन्होंने ऐसे महान वैज्ञानिकों को पैदा किया है और अभी भी कर रहे हैं, जिन्होंने मानव-जीवन को आसान और खुशहाल बनाने में न केवल शारीरिक और मानसिक पक्ष से मदद की है, बल्कि आर्थिक और सामाजिक दृष्टि से जीवन को खुशियों से भर दिया है। भारतीय लोग अगम्य शक्तियों और देवताओं की भूलभुलैया में समय बर्बाद करते रहे हैं और अभी भी कर रहे हैं, जबकि पश्चिम के वैज्ञानिकों ने प्रकृति के रहस्यों को जानने और समझने में अपना जीवन लगा दिया। उन्होंने भूमि, समुद्र, पर्वत, वन और आकाश को छान मारा, ताकि जीवन के रहस्य को जानकर प्रकृति के करीब जा सकें। उन्होंने कीड़े-मकौड़ों, जानवरों, पक्षियों, पेड़-पौधों के बारे में खोजें करके जाना कि यह कायनात वास्तव में है क्या, जबकि भारतीय लोग केवल घंटी, खड़ताल, ढोलकी और भजन-कीर्तन के चक्कर में पड़े रहे। वे सोचते रहे कि यह दिव्य शक्ति हमें सुखी जीवन प्रदान करेगी, हमें कष्टों से मुक्ति दिलाकर अपने तथाकथित स्वर्ग में ले जाएगी। हम अज्ञानता और अन्धविश्वासों में फँसे रहे और अभी भी फँसे हुए हैं और हमारे धार्मिक ग्रंथ इस जहालत के भागीदार हैं। हमने बाबाओं, साधुओं, स्वामियों की लाखों की फौज तैयार कर ली है, जो समाज पर एक धब्बा तो है ही, बल्कि ये आलसी लोग समाज पर बोझ हैं, जिन्होंने कभी कोई शारीरिक श्रम नहीं किया और वे भिखारियों की तरह परिश्रमी मनुष्यों के बल पर मुफ्त में खाते हैं। जबकि पश्चिमी समाज के वैज्ञानिक दिन-रात अपने जुनून में डूबे रहे ताकि कायनात के रहस्यों को जानकर मानव-जीवन को कष्टों, कठिनाइयों और रोगों से मुक्ति दिला सकें। ये लोग सच्चाई में रहते हैं, जबकि भारतीय जनता मोह-माया और शेख चिल्ली के सपनों में भटक रही है। हमें निर्णय करना होगा कि हम सच के साथ खड़े हैं या झूठ के साथ। यह पुस्तक आपको यह निर्णय लेने में मदद करेगी।

यह भी याद रखें कि दक्षिण अफ्रीका में एक विश्वविद्यालय के व्याख्याता ने विश्वविद्यालय के बाहर अपने छात्रों को एक प्रभावी संदेश लिखा था, जो इस प्रकार है:- "किसी भी देश को नष्ट करने के लिए परमाणु बम या लंबी दूरी की

मिसाइलों की आवश्यकता नहीं। इसके लिए बस इतना कर दो कि वहाँ की शिक्षा की गुणवत्ता को कम कर दो और छात्रों को धाँधली के साथ परीक्षा पास करने की खुली छूट दे दो।'' जिस डॉक्टर ने हेराफेरी के साथ डॉक्टरी पास की है, उसके हाथों मरीज मरने लगेंगे। जिसने अपनी इंजीनियरिंग की डिग्री हेराफेरी के साथ ली है, उसके सारे निर्माण ढह जाएँगे। जिसने अकाउंटेंसी की पढ़ाई हेराफेरी के साथ पास की है, उसके हाथों पैसे की बर्बादी होगी। जिसने परीक्षा में नकल करके जज की पढ़ाई पास की है, उसके हाथों अन्याय होने लगेगा। जिस अध्यापक ने हेराफेरी के साथ अध्यापक की डिग्री हासिल की है, उसके पढ़ाए बच्चों में अज्ञानता का बोलबाला होगा। इस प्रकार किसी देश की शिक्षा में गिरावट पूरे देश के लिए आपदा लाएगी।

स्कूल, कॉलेज और विश्वविद्यालय के छात्रों के लिए अल्बर्ट आइंस्टाइन का संदेश था:- "याद रखो कि तुम स्कूल, कॉलेज और विश्वविद्यालय में जिन औद्योगिक बातें पढ़ते हो, वे कई पीढ़ियों का परिणाम है। उन्हें हासिल करने के लिए दुनिया के हर देश ने उत्साहपूर्वक प्रयास किया है और उनके अधिग्रहण का आनंद लिया है। यह सब आपके हाथों में सौंपा गया है ताकि आप इसे ईमानदारी से प्राप्त कर सकें, इसका सम्मान कर सकें, इसमें कुछ जोड़ सकें और एक दिन इसे पूरी ईमानदारी के साथ अपने बच्चों को सौंप सकें...यदि तुम यह बात हमेशा अपने मन में रखते हैं, तो तुम्हारे स्वयं के जीवन और कार्यों का अर्थ मिल जाएगा, अर्थात आप अन्य राष्ट्रों और युगों के बारे में सही दृष्टिकोण रखने में सक्षम होंगे।"

इन महान वैज्ञानिकों की जीवनियाँ लिखने में मैंने विकिपीडिया, 'तर्कशील' पत्रिका, 'विज्ञान जोत' पत्रिका और प्रिंसिपल निरंजन सिंह के लेखन से मदद ली है।

मैं इस पुस्तक को हिंदी में प्रकाशित करने के लिए श्री मनोज मलिक, उनके साथियों का और उनकी संस्था "चंडीगढ़ ह्यूमनिस्ट एसोसिएशन" का धन्यवादी हूँ।

आपका हितैषी

डॉ. हरीश मल्होत्रा

बर्मिंघम, जुलाई 2024

1

सर आइजैक न्यूटन

सर आइजैक न्यूटन का जन्म 25 दिसंबर, 1642 (जूलियन कैलेंडर के अनुसार) को इंग्लैंड के वूल्जथार्प में हुआ था। उनके जन्म से पहले ही उनके पिता का निधन हो गया था। तीन साल की उम्र तक उनकी माँ ने उनको पाला-पोसा। फिर उसने दोबारा शादी की और बालक न्यूटन को उसकी दादी को दे दिया। बूढ़ी दादी को बच्चे से बहुत प्यार था, इसलिए ज्यादा लाड़-प्यार के कारण न्यूटन पढ़ाई में कमजोर, शरीर से मन्दबुद्धि और शर्मीले स्वभाव के हो गये।

1654 में उन्हें ग्रेल्स के ग्रामर स्कूल में भर्ती कराया गया। वहाँ भी वह न तो पढ़ाई में अव्वल रहे और न ही शारीरिक रूप से मजबूत बन पाए। उसका अपने

सहपाठियों के साथ ज्यादा मेल-मिलाप नहीं था।

उसके सहपाठियों में से एक लड़का जो शारीरिक रूप से मजबूत था और दूसरे लड़कों की मार-पिटाई करता रहता था। एक दिन उसने न्यूटन की गर्दन पकड़ ली। दोनों गुत्थम-गुत्था हो गए। दर्शकों को बहुत आश्चर्य हुआ जब न्यूटन ने उसे जमीन पर गिरा दिया। इससे न्यूटन को अपने साथियों के बीच सम्मान प्राप्त हुआ और उनमें आत्मविश्वास भी आया। इससे न्यूटन के जीवन में एक महत्वपूर्ण मोड़ आया। उनकी पढ़ाई में भी रुचि हो गई और एक साल के भीतर ही वह अपनी कक्षा में अव्वल आ गए।

1656 में उनकी माँ दूसरी बार विधवा हो गयीं। उनकी आजीविका जमीन पर निर्भर थी, इसलिए माँ ने न्यूटन को स्कूल छुड़वाकर खेतों में काम करने को कहा।

न्यूटन को गणित में कुछ हद तक रुचि हो गई थी और उन्हें भूमि जोतने या मवेशियों को चराने में कोई दिलचस्पी नहीं थी। माँ और बेटा रूठे ही रहते थे। उनके मामा कैम्ब्रिज के ट्रिनिटी कॉलेज के फेलो थे। उन्होंने न्यूटन से बात करके अपनी बहन से न्यूटन को वहाँ पढ़ाने की जिद की। 1660 में न्यूटन को फिर से स्कूल में भर्ती कराया गया। उन्होंने अपनी पढ़ाई में कड़ी मेहनत की और 1661 में उन्होंने ट्रिनिटी कॉलेज में प्रवेश लिया। 1665 में उन्होंने बी.ए. की उपाधि प्राप्त की। वहाँ कॉलेज में पढ़ते समय, गणित के प्रोफेसर बैरो के साथ उनका गहरा प्रेमपूर्ण रिश्ता विकसित हो गया। प्रो. बैरो न्यूटन की गणितीय प्रतिभा से बहुत प्रभावित थे और न्यूटन को उनसे काफी प्रोत्साहन मिला। यहाँ पढ़ाई के दौरान न्यूटन बैरो की संगति में खूब चमके। 1665-66 में उन्हें कॉलेज से घर लौटना पड़ा, लेकिन उन्हें पढ़ाई का गहरा चस्का लग चुका था। एक दिन जब वे बगीचे में घूम रहे थे, तभी उन्होंने देखा कि पेड़ से एक सेब टूटकर जमीन पर गिरते देखा। वे तो देखते ही सोच में पड़ गए। इस चिंतन का परिणाम प्रकृति का वह नियम निकला, जिसे अब गुरुत्वाकर्षण का नियम कहा जाता है। कुछ वर्षों के बाद इस नियम पर अच्छी तरह से विचार किया गया और 1685-86 में इसे प्रकाशित किया गया।

1665 में न्यूटन ने द्विपद प्रमेय की खोज की। इंटीग्रल कैलकुलस 1666 में प्रकाशित हुआ था।

1667 में वे कैम्ब्रिज विश्वविद्यालय के फेलो के रूप में विश्वविद्यालय लौट आये। कुछ वर्षों तक वे ऑप्टिकल शक्ति पर शोध करते रहे और इन शोधों के आधार पर उन्होंने एक परावर्तक दूरबीन बनाई और बृहस्पति के चारों ओर घूमते हुए चंद्रमाओं को देखा।

न्यूटन की दूरबीन की अर्ध-व्यास 6 इंच थी। अब विश्व की सबसे बड़ी दूरबीन पालोमर (कैलिफोर्निया) वेधशाला में स्थापित है, इसके दर्पण का अर्ध-व्यास 200 इंच है। हालाँकि, यह उसी सिद्धांत पर बनाया गया है, जिस पर न्यूटन ने अपना पहला दूरबीन बनाई थी।

उसी समय न्यूटन ने प्रकाश को एक प्रिज्म से गुजारा और बताया कि प्रकाश सात रंगों से मिलकर बना है।

1669 में न्यूटन के प्रिय प्रोफेसर बैरो ने इस्तीफा दे दिया और न्यूटन को उनकी जगह गणित का प्रोफेसर नियुक्त कर दिया गया। उस समय न्यूटन केवल 26 वर्ष के थे।

न्यूटन के दूरबीन के आविष्कार ने उन्हें वैज्ञानिक समुदाय में प्रसिद्ध कर दिया और 1671 में उन्हें विश्व प्रसिद्ध रॉयल सोसाइटी का सदस्य चुना गया।

1679 में, न्यूटन की माँ की मृत्यु हो गई। 1684 में, न्यूटन ने अपने मित्र हैली से प्रेरित होकर पदार्थ के गुरुत्वाकर्षण बल पर अपना काम प्रकाशित किया। 1687 में यह कृति अच्छे विवरण के साथ पुस्तक रूप में प्रकाशित हुई। गुरुत्वाकर्षण का यह सिद्धांत विज्ञान की रीढ़ है और विज्ञान में न्यूटन की महानता इसी सिद्धांत के कारण है।

1689 में वे विश्वविद्यालय की ओर से संसद-सदस्य बने। वह 1703 में रॉयल सोसाइटी के अध्यक्ष बने और अगले 25 वर्षों तक हर साल चुने जाते रहे। 1705 में महारानी "ऐनी" कैम्ब्रिज विश्वविद्यालय के निरीक्षण के लिए गईं, जहाँ न्यूटन को "सर" की उपाधि दी गई।

1692-94 तक, न्यूटन को नर्वस ब्रेकडाउन का सामना करना पड़ा। मानव जीवन के लिए संतुलित विकास आवश्यक है। प्रकृति को किसी की परवाह नहीं है। प्रकृति के नियम स्पष्ट एवं अपरिवर्तनीय हैं, सब पर एक समान लागू होते हैं। जो लोग बहुत अधिक सोचते हैं और शरीर पर कम ध्यान देते हैं, उन्हें आमतौर पर मानसिक बीमारी लग ही जाती है, चाहे वह कोई बड़ा धर्मात्मा महापुरुष हो, कोई बड़ा दार्शनिक या वैज्ञानिक हो अथवा कोई प्रसिद्ध पहलवान हो। न्यूटन भी इसी समस्या का शिकार हुए और उनके मित्रों तथा विज्ञान के सभी क्षेत्रों को दो वर्षों तक कष्ट सहना पड़ा।

1694 में वे स्वस्थ हो गये और 1695 में वह सरकारी टकसाल के वार्डन बन गये और चार साल बाद मास्टर या शीर्ष अधिकारी बने। वे शेष जीवन इसी पद पर रहे, लेकिन इस कार्य के साथ-साथ वे अपने गणितीय शोध भी पूरे करते रहे।

न्यूटन की प्रमुख उपलब्धियाँ, जिन्होंने आइंस्टाइन के क्षेत्र में प्रवेश करने तक उन्हें विज्ञान का विशाल स्तंभ बनाए रखा, ये हैं:-

1. (i) यदि कोई वस्तु स्थिर है या सीधी रेखा में चल रही है। वह तब तक उसी स्थिति में बनी रहेगी, जब तक कि उस पर कोई बाहरी बल न लगाया जाए।

(ii) इसकी गति लगाए गए बल के समानुपाती होगी और उसी रेखा में होगी जिसमें बल लगाया जा रहा है। यदि बल घटेगा तो विस्थापन भी कम होगा। यदि बल अधिक हो जायेगा तो विस्थापन भी उसी अनुपात में बढ़ जायेगा।

(iii) प्रत्येक क्रिया की एक प्रतिक्रिया होती है, जो क्रिया के परिमाण के बिल्कुल बराबर होती है और उसकी दिशा उससे उलट होती है। जब हम पानी में तैरते हैं तो हम पानी को पीछे धकेलते हैं। इस काम का प्रतिफल हमें आगे बढ़ाता है। इसी प्रकार जब हम जमीन पर कदम रखते हैं तो हमारे पैरों का बल जमीन पर नीचे और पीछे की ओर होता है। उनकी प्रतिक्रिया हमें आगे बढ़ाती है।

ये नियम यांत्रिकी या थर्मो-डायनामिक्स के बुनियादी नियम हैं।

2. न्यूटन की दूसरी उपलब्धि गुरुत्वाकर्षण बल है। इसके अनुसार पदार्थ का प्रत्येक अणु दूसरे अणु को अपनी ओर आकर्षित करता है। यह आकर्षण पदार्थ की मात्रा के समानुपाती होता है। जितनी अधिक पदार्थ की मात्रा, उसमें उतनी ही अधिक आकर्षण शक्ति होगी, और यह आकर्षण विपरीत रूप से, पदार्थ के बीच की दूरी के वर्ग के समानुपाती होता है।

यदि दो वस्तुओं के बीच की दूरी दोगुनी और फिर चौगुनी कर दी जाए तो खिंचाव 1/4 और 1/16 हो जाता है। दूरी जितनी अधिक होगी, खिंचाव उतना ही कम होगा। आकर्षण का संबंध पदार्थ की मात्रा और अंतर से होता है। इस नियम का उपयोग करके न्यूटन ने पृथ्वी से चंद्रमा और सूर्य की दूरी का अनुमान लगाया। अपने गणितीय ज्ञान के आधार पर उन्होंने यह भी पता लगाया कि गुरुत्वाकर्षण के प्रभाव में चंद्रमा पृथ्वी के चारों ओर तथा पृथ्वी सूर्य के चारों ओर घूम रही है, और यह घूर्णन एक वृत में नहीं है, बल्कि पृथ्वी 23 डिग्री के झुकाव पर घूम रही है। न्यूटन की खोजें उन उपकरणों की नींव बन गईं, जो आज हमें चंद्रमा पर ले जाते हैं और जो भविष्य में मनुष्यों को कई ग्रहों पर ले जाएँगे।

1969 में चंद्रमा पर उतरने वाले नील आर्मस्ट्रांग जब मुंबई आए, तो उनसे पूछा गया कि किस-किस वैज्ञानिक की खोजों ने उन्हें चंद्रमा तक पहुँचने में मदद की, उन्होंने पहला नाम न्यूटन का लिया।

न्यूटन की एक और उल्लेखनीय उपलब्धि, प्रकाश की गति से संबंधित है। उनके अनुभव के अनुसार प्रकाश छोटे-छोटे कणों से बना होता है। ये कण एक

लाख छियासी हजार मील प्रति सेकंड की गति से चलते हैं।

चाहे विज्ञान हो या मानविकी के अन्य क्षेत्र, विकास तो जारी रहता है। परिवर्तन या विकास प्रकृति का मूल नियम है। लेकिन ईंट पर ईंट रखनी पड़ती है। महल बनाने में सबसे बड़ा हिस्सा उसी का होता है, जो पहली ईंट रखता है।

आइंस्टाइन ने न्यूटन के बनाये चबूतरे पर खड़े होकर दूसरी मंजिल की नींव रखी। कोई और हीरो आएगा, वो इंसान को तीसरी मंजिल पर ले जाएगा। न्यूटन को यह सब पता था। उन्होंने खुद पहले कहा था कि हम अभी भी ज्ञान के समुद्र के किनारे की रेत से घोंघे और सीपियाँ ही इकट्ठी कर रहे हैं। अभी तो ज्ञान का विशाल सागर हमारे सामने है।

इन महापुरुषों के जीवन से यह सीख मिलती है कि जीवन की सफलता ज्ञान का पुजारी बनने में है, लक्ष्मी का पुजारी बनने में नहीं।

न्यूटन एक शांत स्वभाव के व्यक्ति थे। ऐसा कहा जाता है कि एक रात उनके पालतू जानवर ने उनकी मेज पर जल रही मोमबत्ती को गिरा दिया, जिससे उनकी कई वर्षों की कड़ी मेहनत और नई खोजों के कागजात जलकर राख हो गये। इस शांत आदमी ने पालतू जानवर से बस इतना कहा, "तुम नहीं जानते कि तुमने मेरे जीवन के वर्षों की मेहनत को राख में मिला दिया है।"

हमें यह नहीं भूलना चाहिए कि न्यूटन ने 12 साल की उम्र में स्कूल जाना शुरू किया था और स्कूल में भी वह बहुत योग्य छात्र नहीं था। स्कूल में वह बस ड्राइंग करते रहते थे या अलग-अलग चीजों के साथ यंत्रवत् छेड़छाड़ करते थे। घर में अकेले रहने के कारण उन्हें एकांत अधिक पसंद आने लगा।

1665 की गर्मियों में पूरे इंग्लैंड में प्लेग फैल गया। परिणामस्वरूप, न्यूटन को अपने जन्मस्थान वॉल्सथॉर्प लौटना पड़ा। प्लेग नामक महामारी से देश की लगभग दस प्रतिशत जनसंख्या मर गयी। वूल्जथार्प लौटकर, न्यूटन अपनी माँ के साथ अपने पैतृक फार्महाउस में रहने लगे। उस समय सरकार ने पूरे देश के स्कूल-कॉलेजों को बंद कर दिया था और कैंब्रिज यूनिवर्सिटी को भी करीब डेढ़ साल के लिए बंद कर दिया गया। ऐसा माना जाता है कि न्यूटन के जीवन का यह काल सबसे सार्थक सिद्ध हुआ। इसी अवधि के दौरान उन्होंने अपनी महत्वपूर्ण खोजें कीं। 1665-66 ई. के काल को न्यूटन के जीवन का स्वर्ण काल कहा जाता है।

कहा जाता है कि एक दिन जब न्यूटन अपने मित्र जॉन विकिन्स के साथ कैंब्रिज में मेला देखने गये तो उन्हें मेले से एक प्रिज्म पसंद आया; जिसे उन्होंने खरीद लिया। प्रयोगशाला में लौटकर न्यूटन ने इस प्रिज्म से प्रकाश के साथ प्रयोग करना शुरू किया। प्रकाश के गुणों पर प्रयोग करते समय वह कभी-कभी अपना

भोजन भी भूल जाते थे। उन्होंने बिना भूख-प्यास महसूस किये दिन-रात अपना प्रयोग जारी रक्खा। एक दिन वह अपने अँधेरे कमरे में बैठा था, तभी उसने देखा कि खिड़की के अंदर पर्दों की दरारों से सूरज की किरणें आ रही हैं और शीशे के प्रिज्म से टकरा रही हैं। प्रिज्म से टकराने के बाद ये प्रकाश किरणें परावर्तित हो जाती हैं।

जैसा कि आप जानते ही होंगे, प्रिज्म एक त्रिकोणीय आकार का दर्पण या काँच का टुकड़ा होता है। न्यूटन ने देखा कि प्रिज्म से बाहर निकलने के बाद प्रकाश की किरणें कई अलग-अलग रंगों के रूप में दिखाई देती हैं। ये रंग ठीक उसी क्रम में थे, जैसे बारिश के बाद आसमान में बने इंद्रधनुष के रंग होते हैं। यह सब देखने के बाद न्यूटन ने निष्कर्ष निकाला कि सफेद प्रकाश में सात रंग होते हैं या कहें कि सूर्य का प्रकाश सात रंगों से मिलकर बना होता है। इन सात रंगों के नाम हैं:- बैंगनी, जामुनी, नीला, हरा, पीला, नारंगी और लाल।

न्यूटन ने स्पेक्ट्रम को सफेद प्रकाश के सात रंगों के अनुक्रम या स्पेक्ट्रम के रूप में वर्णित किया। उन्होंने इस स्पेक्ट्रम के हर रंग की चौड़ाई को चित्रित किया। उन्होंने कहा कि हम अपने आसपास मौजूद वस्तुओं से परावर्तित प्रकाश के परिणामस्वरूप, वे वस्तुएँ हम देख पा रहे हैं। जब प्रकाश की किरणें किसी वस्तु पर पड़ती हैं, तो हमें वह वस्तु दिखाई देती है। यहाँ यह उल्लेख करना आवश्यक है कि जिज्ञासु मन होने के कारण उन्होंने अपने प्रयोग को बार-बार दोहराया।

इस उद्देश्य से उन्होंने दो प्रयोग किये। पहले प्रयोग में उन्होंने श्वेत प्रकाश को प्रिज्म से गुजारा। प्रिज्म से गुजरने के बाद प्रकाश सात रंगों में विभाजित हो गया। दूसरे प्रयोग में उन्होंने इन सात रंगों को दूसरे प्रिज्म में से गुजारा और पाया कि ये किरणें फिर से सफेद रोशनी में बदल गई हैं। इन प्रयोगों के आधार पर न्यूटन ने प्रकाश के परिवर्तन के सिद्धांत के अनुसार एक दूरबीन तैयार की। उन्होंने इस दूरबीन के सभी हिस्से अपने हाथों से तैयार बनाये और उसमें फिट किया। इस दूरबीन केआविष्कार ने न्यूटन को वैज्ञानिक क्षेत्रों में बहुत लोकप्रिय बना दिया।

1671 ई. में इंग्लैण्ड के राजा चार्ल्स द्वितीय ने न्यूटन द्वारा तैयार दूरबीन को स्वयं देखा और उसमें अपनी विशेष रुचि दिखाई। न्यूटन ने अपनी दूरबीन से बृहस्पति की परिक्रमा कर रहे उपग्रहों या चंद्रमाओं को देखा।

इतने महान वैज्ञानिक होने के बावजूद भी न्यूटन बहुत विनम्र स्वभाव के थे।

इस जीवन का खेल एक न एक दिन समाप्त हो जाता है। बड़े-बड़े विद्वान, दार्शनिक, मार्गदर्शक और दुनिया का भला चाहने वाले वैज्ञानिक कभी नहीं मरते। उनकी खोजों का आनंद लेते हुए, हम न केवल उन्हें याद करते हैं बल्कि उन्हें हर

दिन आशीर्वाद भी देते हैं। 20 मार्च 1727 को सर आइजैक न्यूटन ने यह शरीर त्याग दिया और हमेशा के लिए हमसे दूर चले गये। उस समय उनकी उम्र 85 वर्ष थी। ये महापुरुष संसार की प्रसिद्धि के भूखे नहीं हैं। लेकिन दुनिया को भी अपना कर्तव्य निभाना होगा। अलग-अलग देशों में स्तुति के अलग-अलग रिवाज हैं। इंग्लैंड अपने रीति-रिवाजों के अनुसार न्यूटन के शव को वेस्टमिनिस्टर एबे के कब्रिस्तान में दफनाया गया और वहीं पर उनका स्मारक बनाया गया। इसी तरह, ट्रिनिटी कॉलेज कैम्ब्रिज और रॉयल सोसाइटी में भी न्यूटन के स्मारक हैं। लेकिन उनकी असली स्मृति उन युवाओं की बुद्धिमत्ता में निहित है, जो न्यूटन के नक्शेकदम पर चलते हुए दुनिया के विकास के लिए अपना जीवन समर्पित कर रहे हैं।

***

2
जेम्स वाट

जेम्स वाट का जन्म 19 जनवरी 1736 को ग्रीनॉक, रेनफ्रूशायर स्कॉटलैंड में हुआ था। वह अपने पाँच भाई-बहनों में सबसे बड़े थे। जेम्स की माँ एक जाने-माने परिवार से संबंध रखती थी। वह सुशिक्षित एवं संस्कारवान महिला थी। जबकि जेम्स के पिता एक ठेकेदार और पानी के जहाज के मालिक थे। जेम्स के दादा थॉमस वाट गणित के शिक्षक थे।

जेम्स को शुरुआत में उनकी माँ ने घर पर ही पढ़ाया और बाद में ग्रीनॉक ग्रामर स्कूल में दाखिला लिया। स्कूल में उन्होंने गणित विषय पर अच्छी पकड़ दिखाई, जबकि लैटिन और ग्रीक में उनका ज्यादा मन नहीं था और इसलिए वे इन भाषाओं में ज्यादा रुचि नहीं दिखा सके।

ऐसा कहा जाता है कि खराब स्वास्थ्य ने उनका साथ कभी नहीं छोड़ा और बचपन में वह अक्सर बीमार रहते थे। इसके अलावा वे जीवन भर सिरदर्द की बीमारी से पीड़ित रहे। वह अवसाद के भी शिकार थे। स्कूली शिक्षा के बाद उन्होंने अपने पिता के व्यवसाय के लिए उनकी कार्यशालाओं में काम किया जहाँ उन्होंने इंजीनियरिंग में कई मॉडल तैयार किए। जब उनके पिता का व्यवसाय बंद हो गया, तो जेम्स ग्लासगो चले गये और वहाँ एक कारखाने में गणना उपकरण बनाने लगे।

बचपन में ही जेम्स वाट ने सोचा था कि वह भविष्य में जरूर कुछ नया और अलग करेंगे। वह बचपन से ही दूसरे बच्चों से अलग और गंभीर थे। वह खेल भी खेलता था जिसमें उसकी माँ चूल्हे के पास बैठी काम कर रही होती थी और जेम्स चूल्हे पर पानी की केतली को बड़े ध्यान से देख रहा होता था। उसने देखा कि केतली में खौलते पानी की भाप बार-बार केतली का ढक्कन उठा रही थी। उसने केतली पर कुछ डाला और थोड़ी देर बाद भाप तेज होने पर ही ढक्कन उठाया। इससे उन्होंने पता लगाया कि भाप में कितनी शक्ति होती है।

जब जेम्स 18 वर्ष के थे, तब उनकी माँ की मृत्यु हो गई और उनके पिता का स्वास्थ्य भी गिरने लग गया। वह लंदन चले गए और 1755/56 में एक वर्ष के लिए एक उपकरण निर्माता के रूप में प्रशिक्षु बने। वहाँ से लौटकर वह व्यापारिक शहर ग्लासगो में रुके ताकि वहाँ औजार बनाने का व्यापार कर सकें। लेकिन वह व्यापार की बारीकियों से अनभिज्ञ थे और वहाँ उनका कोई जानकार भी नहीं था, लेकिन एक पूर्व शिक्षक ने उसे व्यापार में असफलता से बचाया था, जिसने उसे सलाह दी कि वह घूमते-फिरते उपकरण बनाने का काम करे। उन्हीं दिनों जमैका से कुछ उपकरण अंतरिक्ष की खोज के लिए ग्लासगो विश्वविद्यालय में आए थे, जिन्हें अलेक्जेंडर मैकफारलेन ने विश्वविद्यालय को भेंट किया था। जेम्स वाट ने उन उपकरणों को उपयोग योग्य बनाया और उनमें जो भी कमियाँ थीं, उन्हें दूर कर दिया। इन उपकरणों को बाद में मैकफारलेन वेधशाला में उपयोग में लाया गया। अब विश्वविद्यालय के तीन प्रोफेसरों ने उन्हें विश्वविद्यालय में एक कार्यशाला स्थापित करने की अनुमति दे दी। 1757 में भौतिक विज्ञानी और रसायनज्ञ जोसेफ ब्लैक और एडम स्मिथ, दोनों प्रोफेसर उनके दोस्त बन गए।

सबसे पहले उन्होंने विश्वविद्यालय के विज्ञान संबंधी उपकरणों को ठीक किया और उसे क्रियाशील बनाया। दूरबीन, बैरोमीटर, वजन मापने की मशीन आदि के अलावा विश्वविद्यालय की कई अन्य वस्तुएँ भी थीं।

कभी-कभी यह कहा जाता है कि उन्हें ग्लासगो में पैर जमाने के लिए संघर्ष करना पड़ा, लेकिन इतिहासकार लम्सडेन ने इस दावे का खंडन करते हुए कहा कि उनका काम अच्छी तरह से किया गया था और उनकी क्षमता को देखते हुए, उन्हें हैमरमेन कॉर्पोरेशन का सदस्य बनाया गया था।

1759 में उन्होंने जॉन क्रेग के साथ सांझेदारी की। जॉन क्रेग एक व्यापारी और वास्तुकार थे, जो अन्य चीजों के अलावा संगीत वाद्ययंत्र और खिलौने बेचते थे। यह संयुक्त उद्यम 6 वर्षों तक चला और उन्होंने इस उद्यम में काम करने के लिए 16 श्रमिकों को नियुक्त किया। 1765 में जॉन क्रेग की मृत्यु हो गई। उनके एक कर्मचारी, एलेक्स गार्डनर ने व्यवसाय खरीदा, जो 20वीं सदी तक जारी रहा। 1764 में जेम्स वाट ने अपनी चचेरी बहन मार्गरेट (पैगी) मिलर के साथ शादी कर ली। उनके पाँच बच्चे हुए। मार्गरेट की 1773 में प्रसव के दौरान मृत्यु हो गई। 1777 में, जेम्स ने ग्लासगो के डाई-निर्माता की बेटी एन मैकग्रेगर से शादी की। इस शादी से उनके दो बच्चे हुए। ऐन की मृत्यु 1832 में हुई। 1777 से 1790 तक, जेम्स बर्मिंघम के रीजेंट पैलेस में रहे।

जहाँ तक भाप इंजन के आविष्कार की बात है, तो इसका आविष्कार जेम्स वाट ने नहीं किया था, बल्कि उन्होंने न्यूकॉमन इंजन में अलग से कंडैंसर लगाकर उस इंजन को बहुत अच्छा बना दिया था। उन्होंने भाप इंजन में एक कंडैंसर लगाया, जिससे पिस्टन सिलेंडर से नीचे की ओर चला गया। अब इसमें पानी डालने की जरूरत नहीं थी। फिर, शून्य स्थिति बनाए रखने के लिए, जेम्स ने पिस्टन पैकिंग में एक वायु पंप स्थापित करके उसे मजबूत किया। घर्षण को रोकने के लिए, तेल डाला और एक भाप बॉक्स स्थापित किया, जो ऊर्जा हानि को रोकता है। इस प्रकार जेम्स वाट भाप इंजन विकसित करने वाले पहले आविष्कारक बन गये।

ऊर्जा के थर्मो-डायनामिक्स को समझने के लिए कि ताप और भाप कैसे काम करते हैं, इस पर उन्होंने कई प्रयोग किए और इसके लिए उन्होंने एक केतली में पानी को उबलता हुआ देखा। ये सारी बातें उनकी डायरियों से पता चलती हैं।

1759 में, जेम्स के मित्र जॉन रोबियन ने उनसे उस काम पर ध्यान केंद्रित करने के लिए कहा जिसका उपयोग भाप ऊर्जा के लिए किया जा सके। जबकि न्यूकॉमन इंजन का उपयोग पिछले 50 वर्षों से खदानों से पानी निकालने के लिए किया जा रहा था, लेकिन इसमें कोई सुधार या बदलाव नहीं किया गया। एक मित्र

के आग्रह पर, जेम्स ने भाप के साथ प्रयोग करना शुरू कर दिया, भले ही उन्होंने कभी भाप इंजन को क्रियाशील होते नहीं देखा था। इस कार्य में उन्हें कई बार असफलता मिली, लेकिन वे लगे रहे और जो कुछ भी मिला उसे पढ़ा। उन्होंने गुप्त ऊष्मा आदि तापीय ऊर्जा के महत्व को समझा जो एक समान तापमान बनाए रखती है और छोड़ती है। उनके दोस्त जोसेफ ब्लैक को इसके बारे में कई साल पहले पता चल गया था लेकिन जेम्स को इसकी जानकारी नहीं थी। उस समय भाप इंजन का डिजाइन अपनी प्रारंभिक अवस्था में था और केवल 100 साल बाद ही थर्मोडायनामिक्स खोजा जा सका।

1763 में ग्लासगो विश्वविद्यालय में जेम्स न्यूकॉमिन जब इंजन की मरम्मत के लिए कहा गया, तो इसकी मरम्मत की गई, लेकिन यह अभी भी ठीक से नहीं चल रहा था। उन्होंने बहुत सारे प्रयोग किये और मई 1765 में उन्होंने भाप इंजन की समस्या का समाधान निकाला। उसी वर्ष के अंत में, उन्होंने एक भाप इंजन विकसित किया, लेकिन इसे विकसित करने के लिए धन की आवश्यकता थी। उनके दोस्त जोसेफ ब्लैक ने कुछ पैसों से मदद की। लेकिन अधिक वित्तीय सहायता "केयर्न आयरन वर्क्स" के संस्थापक जॉन रोबक से मिली। यह फालीकिर्क के पास है। जॉन रोबक बोनेस में किनील हाउस में रहते थे और इस घर के बगल में ही एक घर में जेम्स वाट भाप इंजन को बेहतर बनाने में लगे रहते थे। फिर गर्व की बात और सीखने वाली बात यह है कि जिस जगह और जिन चीजों पर उन्होंने प्रयोग किए थे, वे आज भी संरक्षित हैं।

उस समय सबसे कठिन काम पिस्टन और सिलेंडर बनाना था। ऐसे लोहार थे जो लोहे का काम करते थे, लेकिन पिस्टन और सिलेंडर का बारीकियों से अनभिज्ञ थे। वे आज के मैकेनिकों जैसे नहीं थे। जेम्स वाट ने अपने आविष्कार को पेटेंट कराने पर बहुत पैसा खर्च किया। परिस्थितियाँ ऐसी बनीं कि जेम्स को पहले मजबूरन एक सर्वेक्षक की नौकरी करनी पड़ी और फिर आठ साल सिविल इंजीनियरिंग की। जॉन रोबक दिवालिया हो गया और मैथ्यू बोल्टन ने उसके काम के अधिकारों का पेटेंट करा लिया। बोल्टन ने इसे खरीदा। मैथ्यू बोल्टन सोहो मैन्युफैक्चरिंग वर्क्स (सोहो मनु-फैक्टरी वर्क्स), जो बर्मिंघम के पास स्थित है। यह बात 1775 की है और बाद में उन्होंने पेटेंट को 1800 तक बढ़ा दिया। यह मैथ्यू बोल्टन ही थे, जिन्होंने जेम्स वाट को दुनिया में लोहे का काम करने वाले सर्वश्रेष्ठ लोहार दिए। फिर जॉन विल्किंसन ने उसकी मदद की। वह बिराशम में, जो ‌व्रेक्सहैम नॉर्थ वेल्स के पास है, तोपें बनाया करता था। जेम्स वाट और मैथ्यू बोल्टन की साँझीदारी एक बड़ी सफलता थी और यह साँझेदारी अगले 25 वर्षों तक

चली।

1776 में, इंजनों का व्यावसायिक रूप से उत्पादन किया गया और पंपों को बिजली देने के लिए उपयोग किया गया। अगले पाँच वर्षों तक, जेम्स वाट ने अपना अधिकांश समय इंजिन बनाने में बिताया। इंजनों का उपयोग कॉर्नवाल में, जगहों से पानी बाहर निकालने के लिए किया जा रहा था। ये पहले इंजन जेम्स वाट और मैथ्यू बोल्टन की कंपनी द्वारा नहीं बनाए गए थे, बल्कि जेम्स वाट द्वारा प्रदान की गई ड्राइंग पर आधारित थे, जिन्होंने वहाँ एक सलाहकार इंजीनियर के रूप में काम किया था। जेम्स वाट और मैथ्यू बोल्टन को अपना वार्षिक वेतन मिलता था। न्यूकॉमिन इंजन की तुलना में उन्होंने इन इंजनों से जितना कोयला बचाया, वह लगभग एक तिहाई था।

मैथ्यू बोल्टन ने जेम्स को पिस्टन में सुधार करने की सलाह दी, ताकि इंजन का उपयोग बुनाई, मिलों और पीसने वाली मशीनों के लिए किया जा सके।

अगले 6 वर्षों में जेम्स वाट ने इंजन में कई सुधार किए और उन्होंने 1781 और 1782 में इनमें से दो और सुधारों का पेटेंट कराया। इसके बाद इसमें और भी सुधार किये गये। अब जो एक इंजन बना, यह न्यूकॉमिन इंजन से 5 गुना बेहतर था।

1781 में एडवर्ड बुल ने मैथ्यू बोल्टन और जेम्स वाट के लिए कॉर्नवाल में इंजन बनाना शुरू किया। 1792 में उन्होंने अपने खुद के डिजाइन के इंजन बनाए जिसमें कंडैंसर अलग था। जिसके साथ जेम्स वाट के पेटेंट के साथ छेड़छाड़ की गई थी। उसी समय, दो भाइयों, जाबेज कार्टर हॉर्नब्लोअर और जोनाथन हॉर्नब्लोअर जूनियर ने भी इंजन बनाना शुरू किया। इसी तरह कई अन्य लोगों ने भी किया और खदान मालिकों ने जेम्स वाट और मैथ्यू बोल्टन को भुगतान करने से इनकार कर दिया। ये बात 1795 की है। खदान मालिकों की ओर इनके 21000 पाउंड बनते थे, जो 2019 में 2,190000 पाउंड के बराबर थे। खदान मालिकों ने केवल 2500 पाउंड का भुगतान किया।

1793 में, जेम्स वाट ने सबसे पहले एडवर्ड बुल पर मुकदमा दायर किया और पहला फैसला जेम्स के पक्ष में आया, लेकिन पूर्ण फैसले के लिए एक और मुकदमे की आवश्यकता थी। लेकिन इस निर्णय का मतलब यह था कि कोई और इंजन नहीं बना सकता था। अगले वर्ष जो निर्णय हुआ, वह कोई सही राह तो नहीं दिखा सका, लेकिन दूसरों पर इंजन न बनाने की बंदिश कायम रही। अन्य लोगों ने जेम्स वाट के साथ संधियाँ कीं, लेकिन जोनाथन हॉर्नब्लियर अड़े रहे। जब उन पर मुकदमा चलाया गया, तो 1799 में चार न्यायाधीशों ने जेम्स वाट के पक्ष में फैसला सुनाया। मैथ्यू बोल्टन और जेम्स वाट के मित्र जॉन विल्किंसन ने 20

इंजन बनाए, लेकिन अपने दोस्तों को उनके बारे में भनक न लगने दी। जॉन विल्किंसन की इस "चुस्ती" से उन्होंने 1796 में समझौता कर लिया था। जो भी पैसा इन "चुस्तियों" के लिए जेम्स वाट और मैथ्यू बोल्टन को मिलना था, वह उन्हें कभी नहीं मिला, लेकिन मध्यस्थता के माध्यम से कई विवादों का निपटारा किया गया। मुकदमों में बहुत खर्च हुआ। लेकिन आखिर में सारे फैसले उनकी कंपनी के पक्ष में गए।

1780 से पहले ऐसी कोई प्रतिलिपि बनाने वाली मशीनें नहीं थीं, जो अक्षरों या रेखाचित्रों की प्रतिलिपियाँ बना सकें। जेम्स ने 1779 में यहाँ प्रयोग करना शुरू किया, लेकिन 1780 में उन्होंने जो कुछ भी खोजा, उसका पेटेंट करा लिया, जबकि अभी भी इसमें और सुधार की आवश्यकता थी। जेम्स वाट ने मैथ्यू बोल्टन और जेम्स कीर के साथ एक और संयुक्त उद्यम बनाया और इसका नाम जेम्स वाट एंड कंपनी रखा। मैथ्यू बोल्टन ने इसमें निवेश किया और कंपनी की देखरेख के लिए जेम्स कीर को प्रबंधक के रूप में नियुक्त किया गया।

मैथ्यू बोल्टन और जेम्स वाट ने अपने-अपने हिस्से 1794 में अपने बेटों को दे दिए। इस मशीन ने इतनी ज्यादा सफलता दी कि बीसवीं सदी तक इसका उपयोग कार्यालयों में भी बड़ी मात्रा में होने लगा था। जेम्स वाट को बचपन से ही रसायन विज्ञान में भी रुचि थी और जब वह 1786 में पेरिस में थे, वहाँ उन्होंने बर्थोलिट द्वारा किया गया प्रयोग देखा कि क्लोरीन का उत्पादन कैसे किया जा सकता है। जेम्स ने पहले ही यह खोज कर ली थी कि क्लोरीन युक्त तरल ब्लीच के रूप में कार्य करता है और इस ब्लीच का इस्तेमाल कपड़ों के लिए किया जा सकता है। जब उन्होंने इस बात का खुलासा किया, इसे अखबारों में प्रकाशित करने के बाद कई अन्य लोगों की भी इसमें रुचि जगी। जेम्स वाट के समकालीनों ने इसका लाभ उठाया, इसकी गलतियाँ दूर कीं और आगे निकल गए। जेम्स ने इस दौड़ से किनारा कर लिया और चार्ल्स टेनेंट ने 1799 में ब्लीचिंग पाउडर का पेटेंट कराया, जो व्यावसायिक तौर पर काफी सफल रहा।

1794 में थॉमस बेडेस को कहा गया कि वह गैसों को संरक्षित करने के लिए सिलेंडर तैयार करे, जो कि ब्रिस्टल के हॉटवेल्स में न्यूमेटिक इंस्टीट्यूशन के लिए चाहिए थे। जेम्स कई गैसों के साथ प्रयोग करता रहा, लेकिन 1797 तक इन गैसों का चिकित्सा प्रयोजनों के लिए उपयोग में एक ठहराव पर आ गया।

जेम्स वाट के पास थ्योरी को प्रैक्टिकल में बदलने की महारत थी और इसीलिए महान वैज्ञानिक हम्फ्री डेवी ने उनके बारे में कहा था, "जो लोग जेम्स वाट को एक महान प्रैक्टिकल, मैकेनिक समझते हैं, वे उन्हें गलत समझते हैं, वे तो एक

प्राकृतिक दार्शनिक और रसायनज्ञ (कैमिस्ट) भी थे और उनकी खोजें उस विज्ञान को दर्शाती भी हैं। वह एक प्रतिभाशाली व्यक्ति थे जिन्होंने दर्शन, सिद्धांत और व्यावहारिकता को एक साथ जोड़ दिया।"

इसीलिए जेम्स वाट को एक आविष्कारक, मैकेनिकल इंजीनियर और रसायनज्ञ के रूप में जाना जाता है। उन्हें ब्रिटिश में "औद्योगिक क्रांति का जनक" भी कहा जाता है। भाप इंजन का उपयोग न केवल ब्रिटेन में बल्कि अन्य देशों में भी किया जाता है। यह भाप इंजन ही है, जिसने दुनिया को रेलवे से परिचित कराया और उद्योगविहीन लोगों के जीवन में क्रांति ला दी। औद्योगिक क्रांति लाने के लिए जेम्स वाट का उस समय के लोग बहुत सम्मान करते थे। वह लूनर सोसाइटी के एक बहुत ही महत्वपूर्ण सदस्य थे और लोग हमेशा उनके और उनकी कंपनी के साथ बातचीत करने के अवसरों की तलाश में रहते थे। वह सदैव अपना ज्ञान बढ़ाने में रुचि रखते थे। वह अपने काम के सहकर्मियों और दोस्तों के लिए एक दोस्त थे और उनके रिश्ते हमेशा आजीवन बने रहेंगे।

जेम्स वाट संपर्क में रहने में माहिर थे। जब वे कॉर्नवाल में थे, तो उन्होंने मैथ्यू बोल्टन को सप्ताह में कई बार लंबे पत्र लिखे। उन्होंने रॉयल सोसाइटी के दार्शनिक लेनदेन जैसे अपने शोध के परिणामों को प्रकाशित करने या प्रकाशित करने से परहेज किया। उन्हें अपने विचारों को पेटेंट में शामिल करना पसंद था। वह एक अच्छे ड्राफ्ट्समैन भी थे। उन्हें व्यावसायिक चालाकियों की बहुत कम समझ थी और इन चीजों के बारे में निर्णय लेने के लिए किसी के साथ बातचीत करने में वह बिल्कुल भी अच्छे नहीं थे, खासकर भाप इंजन के मामले में। उन्हें इससे इतनी नफरत थी कि एक बार 1772 में उन्होंने विलियम स्मॉल को एक पत्र लिखा था:- "मैं किसी से हिसाब-किताब चुकाने और उनके ऊपर-नीचे के बीच फैसला करने के बजाय भरी हुई तोप के सामने खड़ा होना पसंद करूँगा।" वे सेवानिवृत्त होने तक अपने वित्तीय मामलों को लेकर चिंतित और परेशान रहते थे। उनके स्वास्थ्य ने कभी उनका साथ नहीं दिया और वे अक्सर अवसाद और भयानक सिरदर्द से पीड़ित रहते थे।

जब मैथ्यू बोल्टन और जेम्स वाट ने एक सांझेदारी बनाई, तो उन्होंने इंजन खरीदने वाले ग्राहकों की इमारतों में इंजन ड्राइंग की देखरेख की, क्योंकि इंजन के हिस्से स्वयं कभी नहीं बनाए होते थे और फिर इंजन लगाने में भी सहायता करते थे। जेम्स वाट अधिकांश काम अपने हार्पर्स हिल, बर्मिंघम वाले घर पर करते थे, जबकि मैथ्यू बोल्टन सोहो कारखाना में काम किया करते थे। धीरे-धीरे उन्होंने इंजन के पुर्जे बनाने का काम शुरू कर दिया और 1795 में सोहो कारखाने से एक

मील दूर बर्मिंघम नहर के किनारे एक इमारत खरीदी, ताकि वहाँ इंजन बनाया जा सके। "सोहो फाउंड्री" का अधिग्रहण 1796 में किया गया था। जेम्स के बेटे ग्रेगरी और जेम्स जूनियर पूरे बिजनेस को अच्छे से चलाने में लगे हुए थे। जेम्स वाट 1800 में सेवानिवृत्त हुए और उस समय तक उनकी कंपनी ने केवल 41 इंजन बनाए थे। उसी वर्ष मैथ्यू बोल्टन के साथ उनकी साँझेदारी और मूल पेटेंट समाप्त हो गया। इस प्रसिद्ध साँझेदारी का नाम अब उनके बेटों मैथ्यू रॉबिन्सन बोल्टन और जेम्स वाट जूनियर के नाम पर रखा गया। उनकी कंपनी के एक बहुत पुराने इंजीनियर विलियम मर्डोक भी कंपनी में भागीदार बन गए और कंपनी ऊँचाइयों पर पहुँच गई। सेवानिवृत्ति के बाद भी, जेम्स वाट ने शोध करना जारी रखा और हैंड्सवर्थ और स्टैफोर्डशायर में अपने घर पर कार्यशालाएँ स्थापित कीं। कई अन्य आविष्कारों के अलावा उन्होंने कई नकल मशीनों का आविष्कार किया, जो पूरी तरह से काम करती थीं, जो मूर्तियों की नकल कर सकती थी और उन्होंने कभी पेटेंट नहीं कराया। उन्होंने सबसे पहले अपनी मशीन से अपने मित्र प्रोफेसर एडम स्मिथ के सिर की मूर्ति बनाई। उन्होंने सिविल इंजीनियरिंग में अपनी रुचि बनाए रखी और कई महत्वपूर्ण परियोजनाओं के लिए सलाहकार के रूप में उनसे संपर्क किया गया। उन्होंने एक कुंडा पाइप का सुझाव दिया जिसका उपयोग क्लाइड ग्लासगो में पानी निकालने के लिए किया जा सकता है।

जेम्स वाट और उनकी दूसरी पत्नी ने फ्रांस और जर्मनी का एक साथ दौरा किया और मिडवेल्स में हाउस खरीदा।

1816 में, उन्होंने पैडल-स्टीमर "COMET" में बैठकर अपने गृहनगर ग्रीनॉक का दौरा किया। यह भी उनकी अपनी एक खोज थी। 25 अगस्त 1819 को 83 वर्ष की आयु में उनकी मृत्यु हो गई। उन्हें मैरी चर्च कब्रिस्तान में दफना दिया गया। चर्च को और बड़ा किया गया और शमशान अब चर्च का हिस्सा है और उसकी कब्र चर्च की सीमा के भीतर है।

जेम्स वाट 1763 में स्कॉटिश फ्रीमेसनरी "फ्री मेसनरी" के एक सदस्य थे। यह लॉज 1810 में बंद कर दिया गया था। लेकिन उनके अपने शहर में मेसोनिक लॉज का नाम उनके नाम पर रखा गया है:- लॉज जेम्स वाट, नं. 1215

विलियम मर्डोक ने 1777 में जेम्स वाट और मैथ्यू बोल्टन की कंपनी में एक इंजीनियर के रूप में काम करना शुरू किया। उन्होंने कंपनी के विकास में बहुत योगदान दिया और कई महत्वपूर्ण खोजें भी कीं।

जेम्स वाट ने सन एंड प्लैनेट गियर, जो कि भाप के लिए आवश्यक था, का पेटेंट 1781 में कराया और 1784 में स्टीम लोकोमोटिव का पेटेंट कराया। यह भी

कहा जाता है कि ये दोनों खोजें मर्डॉक की थीं, लेकिन मर्डॉक ने कभी इनका समर्थन नहीं किया। बल्कि, 1810 में, जब उन्हें फर्म में भागीदार बनाया गया, तो वे अपनी सेवानिवृत्ति तक 20 वर्षों तक वहाँ रहे और सेवानिवृत्ति के समय उनकी आयु 76 वर्ष थी।

जेम्स वाट को कई सम्मान भी मिले जैसे 1784 में उन्हें रॉयल सोसाइटी ऑफ एडिनबर्ग का फेलो बनाया गया। 1787 में उन्हें रॉटरडैम के प्रायोगिक दर्शन के लिए बटावियन सोसायटी का सदस्य चुना गया। 1789 में उन्हें स्मेटोनियन सोसाइटी ऑफ सिविल इंजीनियर्स का सदस्य बनाया गया। 1806 में, ग्लासगो विश्वविद्यालय ने उन्हें डॉक्टर ऑफ लॉ की मानद उपाधि से सम्मानित किया। 1814 में फ्रांसीसी अकादमी ने उन्हें तत्काल सहयोगी बनाया।

1889 में, ब्रिटिश एसोसिएशन की दूसरी कांग्रेस ने भाप इंजन के आविष्कार के बाद ऊर्जा के माप को "वाट" नाम दिया। 1960 में, वजन और माप के ग्यारहवें सामान्य सम्मेलन ने "वाट" नाम को बिजली की इकाइयों की अंतर्राष्ट्रीय प्रणाली (या "एसएल") के रूप में अपनाया। यही कारण है कि बिजली के बल्ब को "वाट" के रूप में जाना जाता है। यह 60 वाट का होता है या 100 वाट या शून्य वाट।

29 मई 2009 को, बैंक ऑफ इंग्लैंड ने मैथ्यू बोल्टन और जेम्स वाट की फोटो 50 पाउंड के नोट पर उकेरी थी। ये दोनों फोटो साथ-साथ थी, जेम्स वॉट के इंजन और मैथ्यू बोल्टन की सोहो मैन्युफैक्चरी की। मैथ्यू बोल्टन की फोटो के साथ लिखा है:- "I sell here Sir, what all the world desire to have - Power (Boulton)." [मैं यहाँ बेचता हूँ श्रीमान, जो पूरी दुनिया चाहती है - बिजली" (बोल्टन)]

और

"I can think of nothing else but this machine. (Watt)"

"मैं इस मशीन के अलावा और कुछ नहीं सोच सकता" (वाट)

यह दूसरी बार हुआ कि स्कॉटलैंड के जन्मे-पले व्यक्ति की फोटो बैंक ऑफ इंग्लैंड के नोट पर मुद्रित हुई। सबसे पहले 2007 में एडम स्मिथ की फोटो 20 पाउड के नोट पर छपी थी।

उनकी मृत्यु के बाद, जेम्स वाट को सेंट मैरी चर्च, हैंड्सवर्थ में दफनाया गया था। यह चर्च मेरे घर के बहुत करीब है और पंद्रह मिनट में पैदल चलकर पहुँचा जा सकता है। यह चर्च बर्मिंघम शहर में हैंड्सवर्थ पार्क के बगल में है।

गैरेट रूम कार्यशाला, जहाँ जेम्स वाट सेवानिवृत्ति में काम करते थे, को बंद कर दिया गया था। इसे 1853 में खोला गया जब उनके जीवनी लेखक जे.पी. मुइरहेड

ने उसे देखना चाहा। उसके बाद भी उसे केवल विशेष अवसरों पर ही खोला जाता था, लेकिन उसकी कोई भी चीज आगे-पीछे नहीं की गई और कमरे को एक पवित्र स्थान के रूप में माना जाता था। उनका सारा सामान पेटेंट कार्यालय में रखने का प्रस्ताव भी रखा गया, लेकिन कोई नतीजा नहीं निकला। जब 1924 में उस घर को ध्वस्त कर दिया गया, तो जेम्स का कमरा और सामान विज्ञान संग्रहालय को दे दिया गया, जहाँ उन्होंने उसके सामान के साथ एक समान कमरा रखा। इस प्रदर्शनी को देखने के लिए कई वर्षों तक पर्यटक आते रहे। बाद में उस गैलरी को बंद कर दिया गया। इसके बाद मार्च 2011 में उन्हें नवनिर्मित विज्ञान संग्रहालय में जनता के सामने प्रदर्शित किया गया, जिसका नाम "जेम्स वाट और हमारी दुनिया" रखा गया।

जेम्स वाट की एक प्रतिमा उनके जन्मस्थान स्कॉटलैंड के ग्रीनॉक में लगाई गई है। इसलिए, क्षेत्र में कई स्थानों और सड़कों का नाम उनके नाम पर रखा गया है और एक विशेष वाट मेमोरियल लाइब्रेरी 1816 में शुरू की गई थी जब जेम्स वाट की विज्ञान से संबंधित किताबें वहाँ दान की गई थीं। यह पुस्तकालय बाद में जेम्स वाट कॉलेज में बदल गया जिसे 1974 में स्थानीय सरकार ने अपने अधिकार में ले लिया। उनकी प्रतिमा कॉलेज, बर्मिंघम के जॉर्ज स्क्वायर में और अब ब्रॉड स्ट्रीट बर्मिंघम में भी है, और उनके साथ मैथ्यू बोल्टन और विलियम मर्डोक सोने की बनी मूर्तियाँ हैं। ग्लासगो और प्रिंस स्ट्रीट एडिनबर्ग में भी उनकी मूर्तियाँ हैं। उन्हें बर्मिंघम में मूनस्टोन्स और बोल्टन रोड हैंड्सवर्थ बर्मिंघम में उनकी स्मृति में जेम्स वाट प्राइमरी स्कूल द्वारा भी याद किया जाता है।

एडिनबर्ग स्कॉटलैंड में हेरियट-वाट विश्वविद्यालय उनकी याद ताजा कराती है। दर्जनों अन्य विश्वविद्यालयों और कॉलेजों के नाम, विशेषकर विज्ञान और प्रौद्योगिकी के, उनके नाम पर रखे गए हैं। मैथ्यू बोल्टन का घर "सोहो हाउस" अब एक संग्रहालय है, जहाँ इन दो महान हस्तियों के कार्यों के बारे में जानकारी उपलब्ध है। इंजीनियरिंग संकाय का मुख्यालय ग्लासगो विश्वविद्यालय के जेम्स वाट बिल्डिंग में है। इसकी एक पेंटिंग भी है ऑफ स्कॉटलैंड में अपने स्टीम इंजन के साथ जेम्स वाट की एक बड़ी मूर्ति बनाई गई, जिसे बाद में सेंट पॉल कैथेड्रल में ले जाया गया, मूर्ति के नीचे शिलालेख में लिखा है:- "JAMES WATT ENLARGED THE RESOURCES OF HIS COUNTRY, INCREASED THE POWER OF MAN, AND ROSE TO AN EMINENT PLACE AMONG THE MOST ILLUSTRIOUS FOLLOWERS OF SCIENCE AND THE REAL BENEFACTORS OF THE WORLD"

मैं इसका अनुवाद इस प्रकार कर सकता हूँ:- जेम्स वाट ने अपने देश का उत्पादन बढ़ाया, मनुष्य की शक्ति बढ़ाई और उन प्रतिष्ठित व्यक्तियों में अपना स्थान बनाया जिन्होंने विज्ञान को उन्नत किया और विश्व को लाभान्वित किया।

स्कॉटलैंड के स्टर्लिंग में राष्ट्रीय वालेस स्मारक से हॉल ऑफ हीरोज में भी जेम्स वाट की एक मूर्ति लगाई गई है।

जेम्स वाट की मृत्यु की तारीख को लेकर कुछ भ्रम है।

सूत्र बताते हैं कि उनकी मृत्यु 19 अगस्त 1819 को हुई थी, लेकिन वर्तमान रिपोर्ट उनकी मृत्यु 25 अगस्त 1819 को बताती है। 1858 में जेम्स पैट्रिक मुइरहेड ने जेम्स वाट की जीवनी में पृष्ठ 521 पर मृत्यु की तारीख 19 अगस्त 1819 लिखी है। जेम्स पैट्रिक मोइरहेड जेम्स वाट के भतीजे थे। लेकिन टाइम्स अखबार ने अपने तीसरे पन्ने पर इसे 28 अगस्त लिखा। इस बात का भी आश्चर्य है कि मैरी चर्च, हैंड्सवर्थ, बर्मिंघम ने अपने रजिस्टर में जेम्स वाट की मृत्यु की तारीख दर्ज ही नहीं की है, हालांकि उन्हें 2 सितंबर 1819 को यहीं दफनाया गया था। जेम्स वाट की मृत्यु टाइफाइड से हुई। जेम्स वाट के डॉक्टर इरास्मस डार्विन थे, जो महान वैज्ञानिक चार्ल्स डार्विन के पिता थे, जो एक प्रसिद्ध डॉक्टर थे। जेम्स वाट और इरास्मस डार्विन लूनर सोसाइटी के सदस्य थे। इस समाज के सदस्य आविष्कारक और उद्योगपति थे जो विज्ञान, वाणिज्य, प्राकृतिक दर्शन, प्रौद्योगिकी, औद्योगिक प्रगति और सामाजिक परिवर्तन में रुचि रखते थे।

इरास्मस डार्विन वायवीय चिकित्सा को बढ़ावा देना चाहते थे। हँसाने वाली गैस की खोज 1799 में हम्फ्री डेवी ने की थी। इस शोध का अधिकांश भाग ब्रिस्टल में न्यूमेटिक इंस्टीट्यूशन की प्रयोगशालाओं में किया गया था, और इन प्रयोगशालाओं में अधिकांश उपकरण जेम्स वाट द्वारा बनाए गए थे।

1795 में जेम्स वाट, मैथ्यू बोल्टन और उनके दो बेटों ने सोहो फाउंड्री खोलने पर विचार किया जहाँ भाप इंजन बनाए जा सकते थे और उन्हें ब्रिटिश कालोनियों में भेजा जा सकता था क्योंकि अन्य साँझेदारों से प्रतिस्पर्धा कम थी। सोहो फाउंड्री 1796 में समैदिक में खोली गई थी और वहाँ श्रमिकों के लिए घर भी बनाए गए थे। श्रमिकों के लिए कल्याण कार्यक्रम और बीमार वेतन की भी व्यवस्था की गई। इन घरों में एक रसोईघर, एक पेंट्री (घरेलू सामान रखने की जगह), एक बाथरूम और तीन शयनकक्षों की व्यवस्था की गई थी।

यह वह फाउंड्री थी, जहाँ कई पंजाबी आते थे और गंदे, भारी, कठोर, गर्म परिस्थितियों में काम करते थे। उन्होंने अपने अल्प जीवन से जमीन खरीदने के लिए पंजाब में बड़ी रकम भेजी थी ताकि जमीनें खरीदी जा सकें, अच्छे पक्के

मकान बन सकें और उनके भाई-बहन आरामदायक जीवन जी सकें। यहाँ बहुत सारे पंजाबी, विशेषकर दोआबे के लोग, काम करते थे। जिन्होंने अपनी मेहनत और सात दिनों के ओवरटाइम से पैसा कमाया। बुरी परिस्थितियों में रहते हुए, उनके द्वारा भेजे गए धन ने पंजाब में हरित क्रांति ला दी, लेकिन उन पंजाबियों ने खुद को कई बीमारियाँ लगा लीं। कइयों को तो पेंशन भी नहीं मिल सकी। सबसे दुखद बात यह है कि जब उन्होंने पंजाब जाकर अपनी भेजी हुई कमाई का हिसाब माँगा तो उन्हें कुछ नहीं मिला और वे मुकदमों में फँस गए और फँस रहे हैं।

जेम्स वाट पर गुलाम-अर्थव्यवस्था में भाग लेने का आरोप है, क्योंकि वह अपने पिता के व्यवसाय का लेखा-जोखा रखते थे, जिसमें तंबाकू व्यापार भी था, जो काले अफ्रीकी दासों से संबंधित था। यह भी कहा जाता है कि 1762 में उन्होंने फ्रेडरिक नामक एक काले अफ्रीकी गुलाम लड़के को रखा हुआ था। फ्रेडरिक को जेम्स वाट का भाई जॉन या जॉकी द्वारा स्कॉटलैंड लाया गया था। मार्च 1762 में जॉन वाट ने फ्रेडरिक को बेच दिया। बाद में जॉन जब और दास लाने के लिए हवाना गया, तो वह 30 अक्टूबर 1762 को समुद्र में डूबकर मर गया।

जेम्स वाट के पत्रों से पता चलता है कि अफ्रीकी गुलाम फ्रेडरिक को लाने में उसका हाथ था। दूसरी ओर, 31 अक्टूबर, 1791 को, जेम्स वॉट ने अपने एक स्टीम इंजन ग्राहक को लिखा:- "मैं ईमानदारी से प्रार्थना करता हूँ कि गुलाम ले जाने वाली प्रणाली मानवता के लिए इतनी अपमानजनक है कि इसे बुद्धिमानी से और उत्तरोत्तर समाप्त किया जाना चाहिए।"

हाँ, और यह भी सच है कि जब जेम्स वाट 1800 के दशक में सेवानिवृत्त हुए, तब भी उन्हें उन इंजनों के हिस्सों के लिए पैसे मिल रहे थे, जिनका उपयोग गन्ने की खेती के लिए किया जाता था। इन गन्ने के खेतों में अफ्रीका से जबरन पकड़ कर लाए गए दास भयानक परिस्थितियों में काम करते थे और यातनाएँ सहते थे।

***

3

जॉर्ज स्टीफेंसन - रेलवे का आविष्कारक

जॉर्ज स्टीफेंसन का जन्म 9 जून 1781 को वायलम, नॉर्थम्बरलैंड में हुआ था, जो न्यूकैसल अपॉन टाइन से 15 किलोमीटर दूर है। वह अपने पिता रॉबर्ट और माँ मेबल की दूसरी संतान थे। उनके माता-पिता अनपढ़ थे। जॉर्ज के पिता रॉबर्ट वाइलम कोलियरी में फायरमैन के रूप में काम करते थे। उनकी तनख्वाह बहुत

कम थी, जिससे घर का गुजारा बड़ी मुश्किल से चलता था।

जब जॉर्ज स्टीफेंसन 17 साल के थे, तब उन्हें वॉटररो पिट न्यूबर्न में इंजनमैन की नौकरी मिल गई। उस समय उन्हें शिक्षा के महत्व का एहसास हुआ, इसलिए उन्होंने अपनी कमाई से फीस देकर रात्रि स्कूलों में पढ़ना, लिखना और अंकगणित सीखना शुरू कर दिया। वे 18 वर्ष की आयु तक निरे अनपढ़ थे।

1801 में उन्होंने पोंटेलैंड के दक्षिण में ब्लैक कैलिरटन कोलियरी में एक ब्रेकमैन की नौकरी की। 1802 में उन्होंने फ्रांसिस हेंडरसन से शादी की और न्यूकैसल के पूर्व में विलिंगटन क्वे में बस गए। वहाँ वे पति-पत्नी एक कमरे के कॉटेज में रहते थे। उन्हें मिलने वाला वेतन इतना कम था कि उन्हें जीवित रहने के लिए मोची और घड़ी की मरम्मत करने वाले के रूप में काम करना पड़ा। उनका पहला बच्चा रॉबर्ट 1803 में पैदा हुआ था, और 1804 में पति-पत्नी किलिंगवर्थ के पास वेस्ट मूर में डायल कॉटेज में रहने लगे। जॉर्ज अब किलिंगवर्थ पिट में ब्रेकमैन के रूप में काम करने लगे। उनकी दूसरी संतान, एक बेटी, का जन्म जुलाई 1805 में हुआ और उसका नाम उसकी माँ के नाम पर फ्रांसिस रखा गया। बेटी फ्रांसिस केवल तीन सप्ताह जीवित रही और उसे न्यूकैसल के उत्तर में लॉन्ग बिंटन के सेंट बार थोलॉमी चर्च में दफनाया गया। 1806 में जॉर्ज की पत्नी फ्रांसिस को भी तपेदिक हो गया और 16 मई 1806 को उनकी बेटी की कब्र में ही दफनाया गया था। दुख की बात यह है कि उस कब्र का अब कोई नामोनिशान नहीं है।

जॉर्ज स्टीफेंसन ने अब काम की तलाश में स्कॉटलैंड जाने का फैसला किया और जब उन्हें मॉन्ट्रोज में काम मिला, तो उन्होंने अपने बेटे रॉबर्ट को देखभाल के लिए एक स्थानीय महिला को दे दिया। कुछ महीनों के बाद वह वापस आ गये, क्योंकि उनके पिता का एक्सीडेंट हो गया था और उनकी आँखों की रोशनी चली गयी थी। इसके बाद जॉर्ज वेस्टमूर वैली कॉटेज में चले गए और उनकी अविवाहित बहन एलेनोर भी जॉर्ज के बेटे रॉबर्ट की देखभाल के लिए उनके साथ रहने लगीं। 1811 में, किलिंगवर्थ हाई पिट में पंपिंग इंजन ठीक से काम नहीं कर रहा था, इसलिए जॉर्ज स्टीफेंसन ने इसे ठीक करने का बीड़ा उठाया। जॉर्ज ने इसकी इतनी अच्छी तरह से मरम्मत की कि यह पूरी तरह से काम करने लगा। इस पर उन्हें कोलियरी के सभी इंजनों के रख-रखाव और मरम्मत के कार्य में पदोन्नत किया गया। यहीं पर वह भाप से चलने वाली मशीनरी में विशेषज्ञ बन गये।

1815 में, जॉर्ज स्टीफेंसन ने कोयला खदानों में सेफ्टी लैंप के साथ प्रयोग करना शुरू किया, क्योंकि खुली आग से अक्सर खदानों में विस्फोट होते थे। उसी समय प्रसिद्ध वैज्ञानिक और कॉर्निशमैन हम्फ्री डेवी भी इस सेफ्टी लैंप की खोज

कर रहे थे। अपने वैज्ञानिक ज्ञान की कमी के बावजूद, जॉर्ज स्टीफेंसन ने सेफ्टी लैंप विकसित किया। हम्फ्री डेवी द्वारा रॉयल सोसाइटी को सेफ्टी लैंप के बारे में बताने से एक महीने पहले, जॉर्ज स्टीफेंसन ने किलिंगवर्थ कोलियरी में दो लोगों को सेफ्टी लैंप का अपना आविष्कार दिखाया था।

हम्फ्री डेवी और जॉर्ज स्टीफेंसन के सेफ्टी लैंप संरचना में एक दूसरे से भिन्न थे। हम्फ्री डेवी को उनके आविष्कार के लिए £2000 का पुरस्कार दिया गया और गरीब, कम पढ़े-लिखे जॉर्ज स्टीफेंसन पर हम्फ्री डेवी से सेफ्टी लैंप का आइडिया चुराने का आरोप लगाया गया। साथ ही यह भी कि कम पढ़ा-लिखा होने के कारण जॉर्ज को वैज्ञानिक तरीकों के बारे में क्या ज्ञान हो सकता है।

जॉर्ज स्टीफेंसन उत्तर-पूर्व से थे और उनका लहजा भी अलग था। यह उच्चारण वाली अंग्रेजी नहीं था। इस सब से उन्हें ब्रिटिश संसद में दिये गये भाषण से उसे बहुत हीन-भावना महसूस हुई। इससे जॉर्ज को लगा कि वह अपने बेटे रॉबर्ट को एक निजी स्कूल में भेजेंगे, जहाँ वह एक शिक्षित व्यक्ति की तरह अंग्रेजी लिख और बोल सके। यही कारण था कि संसद ने भविष्य के शोध प्रस्तावों के लिए जॉर्ज के भाषण की तुलना में रॉबर्ट के भाषण को प्राथमिकता दी।

सेफ्टी लैंप विवाद की जाँच के लिए एक स्थानीय समिति का गठन जॉर्ज स्टीफेंसन के पक्ष में यह साबित करने के लिए किया गया था कि उन्होंने हम्फ्री डेवी के सेफ्टी लैंप की नकल नहीं की थी, बल्कि यह उनका अपना आविष्कार था। इस समिति ने उन्हें £1,000 का पुरस्कार दिया, लेकिन हम्फ्री डेवी और उनके अधिवक्ताओं की समिति की जाँच-रिपोर्ट को स्वीकार नहीं किया कि एक अशिक्षित व्यक्ति अपने दम पर शोध कैसे कर सकता है। 1833 में, हाउस ऑफ कॉमन्स समिति ने जॉर्ज स्टीफेंसन की खोज को स्वीकार कर लिया। लेकिन हम्फ्री डेवी ने अपनी मृत्यु तक इस सिद्धांत को स्वीकार नहीं किया और यही दोहराते रहे कि स्टीफेंसन ने उनके आविष्कार से चोरी करके सेफ्टी लैंप का आविष्कार किया था। केवल उत्तर-पूर्व इंग्लैंड में जॉर्ज स्टीफेंसन के लैंप का उपयोग किया जाता रहा, जबकि शेष ब्रिटेन में हम्फ्री डेवी के सेफ्टी लैंप का उपयोग किया जा

ता रहा। इस सारी परेशानी के कारण जॉर्ज स्टीफेंसन का लंदन में बैठे विज्ञान विशेषज्ञों पर भरोसा जीवन भर के लिए खत्म हो गया।

एल.टी.सी. रॉल्ट ने अपनी पुस्तक 'जॉर्ज एंड रॉबर्ट स्टीफेंसन' में लिखा है कि हम्फ्री डेवी का लैंप अधिक रोशनी देता था। लेकिन जियोराइड लैंप गैसों के समूह में अधिक सुरक्षित है।

यह भी माना जाता है कि उत्तर पूर्व इंग्लैंड के लोगों को अप्रत्यक्ष रूप से जियोर्डीज नाम इसीलिए जॉर्ज स्टीफेंसन ने ही दिया था। इसी कारण उसके सेफ्टी लैंप को जियोर्डी लैंप कहा जाता था। 1866 तक, न्यूकैसल अपॉन टाइन के प्रत्येक निवासी को जियोर्डी कहा जाने लगा।

माना जाता है कि भाप इंजन की मूल खोज 1802 में रिचर्ड ट्रेविथिक द्वारा की गई थी। 1802 में वह कोयला खदान मालिकों के लिए एक इंजन बनाने के लिए टाइनसाइड गए। कई स्थानीय लोगों ने इससे प्रोत्साहन लिया और अपने खुद के इंजन तैयार किये।

जॉर्ज स्टीफेंसन ने 1814 में अपना पहला भाप से चलने वाला इंजन डिजाइन किया था, जिसका उपयोग किलिंगवर्थ वैगनवे पर कोयले को एक स्थान से दूसरे स्थान तक ले जाने के लिए किया जाता था। ऐसा माना जाता है कि जॉर्ज स्टीफेंसन का इंजन 30 टन कोयला चार मील ऊपर ले गया था और उन्होंने किलिंगवर्थ में कुल 16 इंजन बनाए थे। जिनका उपयोग हेटन कोलियरी रेलवे के लिए किया जाता था।

छह पहियों वाला पहला रेलवे लाइन इंजन 1817 में, फिर 1819 में तैयार किया गया, लेकिन ये इंजन सफल नहीं रहे। अपने इंजन का पेटेंट न कराने के कारण उन्हें आर्थिक रूप से भी काफी नुक्सान उठाना पड़ा। इसके बाद 1820 में इंजन विकसित किया गया और 1822 में उन्होंने भाप इंजन विकसित किया जिसे खींचने के लिए किसी जानवर की आवश्यकता नहीं थी। 1821 में संसद ने स्टॉकटन और डार्लिंगन के बीच 25 मील रेलवे लाइन बनाने के लिए एक विधेयक पारित किया। उस समय जॉर्ज स्टीफेंसन 18 वर्ष के थे। अब एडवर्ड पीज और जॉर्ज स्टीफेंसन ने न्यूकैसल में एक इंजन निर्माण कंपनी खोली और इसका नाम "रॉबर्ट स्टीफेंसन एंड कंपनी" रखा। जॉर्ज स्टीफेंसन के बेटे रॉबर्ट को इसका प्रबंध निदेशक नियुक्त किया गया।

स्टॉकटन और डार्लिंगटन रेलवे 27 सितंबर 1825 को खोला गया था जो 2 घंटे में 24 मील प्रति घंटे की गति से 9 मील की दूरी पर 80 टन कोयला और आटा बिना किसी रुकावट के पहुँचा सकता था। यह पहली बार था कि EXPERIMENT नाम की ट्रेन बनाई गई, जिसमें उस समय की मशहूर हस्तियों को बैठाया गया और इस तरह स्टीम ट्रेन की शुरुआत हुई।

चार फीट साढ़े आठ इंच की रेलवे लाइन की चौड़ाई की खोज जॉर्ज स्टीफेंसन ने की थी और इसे अंग्रेजों और दुनिया के देशों ने स्वीकार किया था।

लिवरपूल और मैनचेस्टर रेलवे में विभिन्न प्रकार की ट्रेनें शुरू करते समय कई कठिनाइयाँ उत्पन्न हुईं और कई लोगों ने रेलवे लाइन बनाने के लिए आवेदन किया। लेकिन जॉर्ज स्टीफेंसन ने "रॉकेट" नाम लागू किया और सफल हुए।

1824 से 1827 तक रॉबर्ट स्टीफेंसन दक्षिण अमेरिका में कार्यरत रहे। लेकिन अपने पिता जॉर्ज स्टीफेंसन के साथ लगातार पत्र-व्यवहार में थे और इस रोक्ट नामक रेलवे लाइन के पूरे संचालन के लिए जिम्मेदार थे। रेलवे लाइन का उद्घाटन 15 सितंबर 1830 को प्रमुख व्यापारियों, गणमान्य व्यक्तियों, मंत्रियों, प्रधानमंत्रियों और ड्यूक ऑफ वॉलिंगटन की उपस्थिति में किया गया था। उस दिन काफिला आठ गाड़ियों के साथ लिवरपूल से शुरू हुआ। स्टीफेंसन और उनके बेटे रॉबर्ट इस कारवाँ के नेता थे।

नॉर्थसब्रियन रेलवे जॉर्ज स्टीफेंसन चला रहा था। उसका बेटा रॉबर्ट फीनिक्स को चला रहा था।

इन सबने जॉर्ज स्टीफेंसन को प्रसिद्धि की ऊँचाइयों पर पहुँचा दिया। अधिक रेलवे लाइनें विकसित करने के लिए जॉर्ज स्टीफेंसन को मुख्य अभियंता बनाया गया।

1830 में रेनहिल में स्क्यू ब्रिज को हटा दिया गया था, जो कोहनी मोड़ वाली एक रेलवे लाइन थी, जिसे अभी भी रेनहिल स्टेशन कहा जाता है, और ए-57 (वॉरिंगटन रोड) का उपयोग लिवरपूल में पुल के ऊपर किया जाता है।

1830 में, जॉर्ज स्टीफेंसन एल्टन ग्रैंज चले गए, जो अब रेवेनस्टोन का हिस्सा है, यह लीसेस्टरशायर में पड़ता है। जॉर्ज को रेलवे लिंक को जोड़ने में काफी आर्थिक कठिनाइयों का सामना करना पड़ा। आखिर में उसने अपने पास से 2500 पाउंड डाले और बाकी रकम परिचित लोगों से लेकर 1832 में रेलवे लाइन बिछाई गई। उसी समय स्निबस्टन इस्टेट की नीलामी लग गई, तो उन्होंने इसे खरीद लिया और बाद में यहाँ रेलवे लाइन बनाकर लीसेस्टर से भी जोड़ा गया। इस प्रकार लीसेस्टर को 40000 रु. हर साल पाउंड का लाभ होने लगा। जबकि पहले नहरों के माध्यम से कोयला लाया जाता था। जॉर्ज स्टीफेंसन की सफलता पर जगह-जगह चर्चाएँ शुरू हो गईं। यह 1838 तक एल्टन ग्रैंज बना रहा। उसके बाद वह टैप्टन हाउस डर्बीशायर में स्थानांतरित हो गया।

अगले 10 वर्षों तक वह बहुत व्यस्त रहे। अमेरिकी कंपनियाँ और अंग्रेजों के बीच भी उनकी माँग बढ़ने लगी। उन्हें इतना अधिक काम मिलने लगा कि समस्याएँ उनके नियंत्रण से बाहर होने लगीं। इसलिए उन्होंने कई कंपनियों को जवाब देना शुरू कर दिया। उसका नाम बेच दिया गया और उसके सांझेदारों

के पास लोग नहीं थे। उन्हें 1847 में मैकेनिकल इंजीनियर्स संस्थान का पहला अध्यक्ष बनाया गया था। अब वह एक तरह से अर्ध-सेवानिवृत्त थे।

जॉर्ज स्टीफेंसन की निजी जिंदगी में कई उतार-चढ़ाव आए। सबसे पहले उन्हें एक किसान की लड़की से प्यार हो गया, लेकिन उसके पिता ने अपनी बेटी की शादी जॉर्ज स्टीफेंसन से करने से इनकार कर दिया, जो एक कोयला खनिक का बेटा था। इसके बाद जहाँ वह किराये पर रहता था, वहाँ उसने मकान मालिक की बेटी से संबंध बनाने की कोशिश की, लेकिन उसने संबंध बनाने से इनकार कर दिया। जॉर्ज को अब फ्रांसिस से प्यार हो गया, जो बड़ी बहन से 10 साल छोटी थी, जिससे उन्होंने 28 नवंबर 1802 को न्यूबर्क चर्च में शादी की। अपनी पत्नी की मृत्यु के बाद जॉर्ज ने 29 मार्च 1820 को बैटी हिंडमार्श से शादी की, लेकिन उनकी कोई संतान नहीं थी। 3 अगस्त 1845 को बैटी की मृत्यु हो गई।

जॉर्ज ने तीसरी शादी 11 जनवरी 1848 को सेंट जॉन्स चर्च, श्रुस्बरी में एक किसान की बेटी एलेन ग्रेगरी से की। वह उसके घर का काम करती थी। अपनी शादी के केवल 7 महीने बाद ही उन्हें प्लुरिसी रोग हो गया और वे 67 वर्ष की आयु में 12 अगस्त 1848 को दोपहर के समय टैप्टन हाउस चेस्टरफील्ड डर्बीशायर में हमें छोड़कर चले गए। उन्हें उनकी दूसरी पत्नी के साथ चेस्टरफील्ड के होली ट्रिनिटी चर्च में दफनाया गया था।

कहा जाता है कि जॉर्ज स्टीफेंसन बहुत दयालु थे। उन्होंने अपनी पत्नियों के परिवारों के अलावा अपनी कंपनी में काम करने वाले उन कर्मचारियों के परिवारों की भी आर्थिक मदद की, जिनकी दुर्घटनाओं में मौत हो गई थी या जो बुरी परिस्थितियों में थे। अपने पूरे जीवन में उन्हें फूल और फल उगाने का बहुत शौक रहा और उन्होंने इसमें प्रथम पुरस्कार भी जीता।

जॉर्ज स्टीफेंसन के बेटे रॉबर्ट का जन्म 16 अक्टूबर 1803 को हुआ था और उसकी शादी 17 जून 1829 को लंदन शहर के पेशेवर जॉन सैंडरसन की बेटी फ्रांसिस सैंडरसन से हुई थी। लेकिन उनकी कोई संतान नहीं थी और 1859 में रॉबर्ट की मृत्यु हो गई। रॉबर्ट स्टीफेंसन ने अपने पिता के काम का बहुत विस्तार किया और अंग्रेजों के बाहर अलेक्जेंड्रिया-काहिरा रेलवे लाइन का निर्माण किया, जो स्वेज नहर से जुड़ा था। इन्हें बनाने में रॉबर्ट की भूमिका थी।

जॉर्ज स्टीफेंसन के रेलवे अनुदान ने विदेशों में ब्रिटिशों का नाम ऊँचा किया और ब्रिटेन में औद्योगिक क्रांति का नेतृत्व किया। 2020 में बीबीसी टीवी शो और यूके के 100 महानतम लोगों की सूची में उन्हें 65वाँ स्थान मिला था। ऐसे सुझाव भी थे कि सम्मान के प्रतीक के रूप में उनके शरीर को वेस्टमिंस्टर एबे में

ले जाया जाए, लेकिन उनके जन्म की 100वीं शताब्दी 1881 में क्रिस्टल पैलेस में मनाई गई, जहाँ 15,000 लोग एकत्र हुए थे। 1990 से 2003 तक जॉर्ज स्टीफेंसन की तस्वीर पाँच पाउंड के नोट पर छपती थी। नॉर्थ शील्ड्स में स्टीफेंसन रेलवे संग्रहालय जॉर्ज और उनके बेटे रॉबर्ट को समर्पित है।

जॉर्ज स्टीफेंसन के जन्म वाले गाँव के घर को 18वीं सदी के ऐतिहासिक हाउस संग्रहालय में बदल दिया गया है। वह वाइलम गाँव में है, जो नेशनल ट्रस्ट द्वारा चलाया जाता है। इस गाँव का उनका घर वैसे ही संरक्षित है, लेकिन आजकल संग्रहालय बंद है। स्टीफेंसन की यादगार चीजें डर्बीशायर के चेस्टरफील्ड में चेस्टरफल्ड संग्रहालय की एक गैलरी में रखी गई हैं, जिसमें मोटी काँच की ट्यूबें शामिल हैं, जिनका आविष्कार उन्होंने सीधे खीरे उगाने के लिए किया था। लिवरपूल में 34 अपर पार्लियामेंट स्ट्रीट पर उनके निवास के दरवाजे के बाहर सिटी ऑफ लिवरपूल हेरिटेज पट्टिका लगाई गई है।

2001 में, डरहम विश्वविद्यालय ने जॉर्ज स्टीफेंसन कॉलेज को उनके नाम पर समर्पित किया। किलिंगवर्थ में जॉर्ज स्टीफेंसन हाई स्कूल उन्हें और उनके बेटे रॉबर्ट को समर्पित है। हॉवडन, नॉर्थ शील्ड्स में स्टीफेंसन मेमोरियल प्राइमरी स्कूल में भी स्टीफेंसन रेलवे संग्रहालय और स्टीफेंसन लोकोमोटिव सोसाइटी उन्हें समर्पित हैं। ब्यूमोंट हिल स्कूल डार्लिंगटन में स्टीफेंसन सेंटर का नाम उनके नाम पर रखा गया है। चेस्टरफील्ड कॉलेज में टैप्टन हाउस परिसर उन्हें समर्पित है, जो कि टैप्टन में उनके घर से संबंधित है।

28 अक्टूबर 2005 को चेस्टरफील्ड रेलवे स्टेशन पर उनक कांस्य पदक एक कांस्य प्रतिमा स्थापित की गई थी। नेविल स्ट्रीट न्यूकैसल में भी उनकी प्रतिमा स्थापित की गई है। जॉर्ज स्टीफेंसन से टी.वी. श्रृंखला "Doctor Who" 1985 में गाअन ग्रेंगर ने प्रस्तुत किया है। हैरी टर्टलडोव की Alternative History की कहानी 'द आयरन एलीमेंट' उन्हीं को समर्पित है।

यह बात इन लोगों से सीखने वाली है कि ये लोग अपने वैज्ञानिकों का कितना सम्मान करते हैं।

***

4

माइकल फैराडे

माइकल फैराडे का जन्म 22 सितंबर 1791 को इंग्लैंड के नर्वींगटन बट्स में हुआ था। यह शहर अब साउथवार्क के लंदन बरो का हिस्सा है। वह अपने पिता की चार संतानों में से तीसरे थे। माइकल फैराडे के पिता, जेम्स फैराडे, एक लोहार के रूप में काम करते थे और यॉर्क छोड़कर लंदन आ बसा था। माइकल फैराडे का बचपन अत्यंत गरीबी में बीता। उनके पिता ईसाई धर्म के ग्लासाइट संप्रदाय से थे। जब माइकल फैराडे पाँच वर्ष के थे, तब उन्हें स्कूल भेजा गया। उन्होंने आठ साल

तक स्कूल में पढ़ाई की और इस दौरान उन्होंने इतनी शिक्षा हासिल की जितनी कि भारत में आठवीं पास लड़के को हासिल होती है। उनकी शिक्षा में केवल लेखन और थोड़ा गणित का मामूली अध्ययन शामिल था।

1963 में न्यूयॉर्क विश्वविद्यालय (विज्ञान में रचनात्मक गतिविधि के लिए शिक्षा) में भाषण में जोएल एच. हिल्डेब्रांड ने कहा था:-

"HOW FORTUNATE FOR CIVILIZATION, THAT BEETHOVEN, MICHEL ANGELO, GALILEO AND FARADAY WERE NOT REQUIRED BY LAW TO ATTEND SCHOOLS WHERE THEIR TOTAL PERSONALITIES WOULD HAVE BEEN OPERATED UPON TO MAKE THEM LEARN ACCEPTABLE WAYS OF PARTICIPATING AS MEMBERS OF "THE GROUP"

मैं इसका अनुवाद इस प्रकार कर सकता हूँ:-

"सभ्यता के लिए यह सौभाग्य की बात है कि बीथोवेन, माइकल एंजेलो, गैलीलियो और फैराडे को औपचारिक स्कूली शिक्षा में नहीं जाना पड़ा, जहाँ उनका व्यक्तित्व, स्वीकृत ज्ञान एक अकादमिक समूह का हिस्सा बनकर ही प्राप्त कर सकता था।"

अल्बर्ट आइंस्टाइन ने अपने अध्ययन कक्ष की दीवार पर आइजैक न्यूटन, जेम्स क्लर्क मैक्सवेल की तस्वीरें लगा रखी थीं। इन महान वैज्ञानिकों के साथ-साथ उन्होंने दीवार पर माइकल फैराडे की तस्वीर भी लगा रखी थी।

प्रसिद्ध भौतिक विज्ञानी अर्नेस्ट रदरफोर्ड कहते हैं:-

"WHEN WE CONSIDER THE MAGNITUDE AND EXTENT OF HIS DISCOVERIES AND THEIR INNELUENCE ON THE PROGRESS OF SCIENCE AND OF INDUSTRY, THERE IS NO HONOUR TOO GREAT TO PAY TO THE MEMORY OF FARADAY, ONE OF THE GREATEST SCIENTIFIC DISSCOVERIES OF ALL TIME"

"जब हम उनकी खोजों के परिमाण और विस्तार और विज्ञान और उद्योग की प्रगति पर उनके प्रभाव पर विचार करते हैं, तो फैराडे की स्मृति को कोई भी मान-सम्मान दिया जाना कम ही है। उस द्वारा की गई खोजें विज्ञान की किसी भी समय में की महान खोजों में से एक हैं।"

आज भौतिकशास्त्री और रसायनशास्त्री उनका लोहा मानते हैं। 1831 से 1835 तक विद्युत और चुंबकीय घटनाओं की उनकी खोजों ने वैज्ञानिक प्रगति के नए रास्ते खोले।

घर में गरीबी के कारण फैराडे 13 वर्ष की उम्र में एक पुस्तक विक्रेता के यहाँ नौकर बन गये। उनका काम घर-घर अखबार पहुँचाना था। इस नौकरी में फैराडे को समाचार-पत्र और किताबें पढ़ने का अवसर मिला। उन्हें पढ़ने का इतना शौक हो गया कि वह रात में स्ट्रीट लैंप के नीचे खड़े होकर पढ़ते थे। इस किताब की दुकान में वह किताबों की जिल्द बाँधने का काम भी करते थे। दुकान का मालिक जॉर्ज रिब्यू एक नेक आदमी था। इसीलिए उन्होंने एक साल बाद फैराडे को प्रमोट कर दिया। फैराडे ने अपने लेखों की कई पांडुलिपियाँ स्वयं ही लिपिबद्ध कीं, जिनमें से कई अभी भी विद्यमान हैं। फैराडे जेरेस रिब्यू के पास रहता था। फैराडे स्वयं कई किताबें पढ़ते थे, जो जिल्द बाँधने के लिए आती थीं। दुकान ब्लैंडफोर्ड स्ट्रीट में थी और उन्होंने जॉर्ज रिब्यू के लिए सात साल तक काम किया। फैराडे ने आइजैक वाट की "द इम्प्रूवमेंट ऑफ माइंड" सहित कई किताबें पढ़ीं। इसमें निहित सिद्धांतों, परामर्श को उन्होंने जोर-जोर से अपना लिया। उन्हें विज्ञान, विशेषकर बिजली में रुचि हो गई। वे विशेष रूप से जेन मार्सेट की पुस्तक - "कंजर्वेशन ऑन केमिस्ट्री" से प्रभावित थे। यही वह किताब थी, जिसने उनके लिए विज्ञान की नींव रखी। वह लिखते हैं कि मुझे एनसाइक्लोपीडिया ब्रिटानिका से ही बिजली का पहला विचार आया।

जॉर्ज रिब्यू ने फैराडे की विज्ञान में रुचि को प्रोत्साहित किया। यह जॉर्ज रिब्यू ही थे, जिन्होंने अपने ग्राहकों को फैराडे की पांडुलिपियाँ पढ़ाईं। रिब्यू का एक ग्राहक इतना प्रभावित हुआ कि उसने अपने पिता को पढ़ाने के लिए पांडुलिपि उधार ली। पांडुलिपि पढ़ने के बाद उनके पिता इतने प्रभावित हुए कि उन्होंने सोसायटी में हम्फ्री डेवी के व्याख्यानों के लिए फैराडे को टिकट भेजे। जिस व्यक्ति ने ये टिकट दिए, वह विलियम डांस था, जो रॉयल फिलहारमोनिक सोसाइटी का प्राथमिक सदस्य था। फैराडे ने डेवी के व्याख्यानों के अलावा जॉन टेटम के व्याख्यान भी सुने।

जीवन में कभी-कभी संयोग ऐसा होता है, जो आपके जीवन की दिशा ही बदल देता है। अपने जन्मदिन से कुछ दिन पहले, जॉर्ज रिब्यू के साथ उनके करार की अवधि समाप्त हो गई। फैराडे चाहते थे कि अगला काम विज्ञान के क्षेत्र में किया जाए, लेकिन शैक्षिक योग्यता की कमी के कारण यह काम असंभव लग रहा था। उन्होंने रॉयल सोसाइटी के अध्यक्ष सर जोसेफ हम्फ्री डेवी को पत्र लिखने का साहस जुटाया, लेकिन कोई जवाब नहीं मिला। हारकर फैराडे ने एक अन्य बाइंडर के यहाँ नौकरी कर ली। इसके बाद उन्होंने एक दिन हम्फ्री डेवी को एक और पत्र लिखा और भाषणों का तीन पेज का मसौदा भी भेजा। हम्फ्री डेवी ने फैराडे के साथ

एक बैठक की व्यवस्था की। लेकिन इस मुलाकात ने भी फैराडे को निराश किया। डेवी ने फैराडे को जिल्द बाँधने का काम जारी रखने की सलाह दी, क्योंकि विज्ञान एक ऐसा क्षेत्र है, जिसमें जो लोग स्वयं को इसकी सेवा में समर्पित कर देते हैं, वे आर्थिक रूप से गरीब रह जाते हैं।

1813 में एक ऐसी घटना घटी, जिसने एक जिल्दसाज को अपने समय का महान वैज्ञानिक बना दिया। रॉयल सोसाइटी के एक शोध सहायक जॉन पायने का किसी के साथ सार्वजनिक विवाद हो गया, जिसके परिणामस्वरूप उन्हें बर्खास्त कर दिया गया।

उस समय, नाइट्रोजन ट्राइक्लोराइड के साथ प्रयोग करते समय हम्फ्री डेवी ने अपनी एक आँख खो दी थी। अब हम्फ्री डेवी को एक सहायक की आवश्यकता थी। जब फैराडे से नौकरी के लिए संपर्क किया गया, तो उन्होंने पाया कि वेतन जिल्दसाज के रूप में उनके वेतन से कम था, लेकिन उन्होंने मनपसंद काम होने के कारण तुरंत नौकरी को स्वीकार कर लिया। उन्हें यह नौकरी 1 मार्च 1813 को मिली। उन्होंने थोड़े समय के लिए महान वैज्ञानिक हम्फ्री डेवी को अपने काम से कायल कर दिया और जब वे दोनों एक दिन नाइट्रोजन ट्राइक्लोराइड तैयार कर रहे थे, तभी एक विस्फोट हुआ, जिससे वे दोनों घायल हो गए।

1813 से 1815 तक दो वर्षों के लिए, हम्फ्री डेवी ने यूरोपीय वैज्ञानिकों से मिलने के लिए यूरोप की यात्रा की और माइकल फैराडे को अपने प्रयोगशाला सहायक के रूप में अपने साथ ले गए। इससे पहले फैराडे ने कभी भी 12 कि.मी. से अधिक की यात्रा नहीं की थी। इस 18 महीने के दौरे के दौरान फैराडे ने एक निजी नौकर के रूप में भी काम किया और श्रीमती डेवी ने फैराडे के साथ बहुत बुरा व्यवहार किया। इसके अलावा उन्हें और भी कठिनाइयों का सामना करना पड़ा, लेकिन फिर भी उन्होंने यात्रा का आनंद लिया और यात्रा का पूरा रिकॉर्ड रखा। उन्होंने फ्रांस, इटली, जर्मनी आदि सभी देशों की यात्रा की और उन देशों के वैज्ञानिकों द्वारा किए गए कार्यों की अच्छी समझ प्राप्त की। प्रकृति ने फैराडे को अच्छे दिमाग और अच्छे साहस का आशीर्वाद दिया था। साथ ही उन्हें लिखने का भी बहुत शौक था। वैज्ञानिकों का यह संयोजन उन्हें खेल में ले आया।

फैराडे ने एमपेयर और यूजीन के साथ अच्छा समय बिताया और उनसे बहुत कुछ सीखा। इसके बाद हम्बोल्ट और रा-लमक के पास डेरा डाला। वह इटली गए और वाल्टा से मिले। माइकल फैराडे ने इन वैज्ञानिकों से इतना कुछ सीखा, जितना कि कैम्ब्रिज विश्वविद्यालय में एम. एससी. उत्तीर्ण होने से भी नहीं मिलता। जो युवा ज्ञान की ऊँची घाटियों पर चढ़ना चाहते हैं, उन्हें विचार की झाड़ू से अपने

दिलों को अच्छी तरह से साफ करना चाहिए। जब अवगुणों का जनक, अभिमान मिट जाता है तो प्रकृति स्वयं ऐसा मिलन करा देती है, जिससे उनकी चेतना का भली-भाँति विकास हो सके। पढ़ना और ज्ञान प्राप्त करना अच्छा है, और अच्छे लोगों की संगति अच्छी है, लेकिन ये तो संसाधन हैं। असली बात तो अपने दिल की गहराइयों को भेदना है। जिस तरह से मोती समुद्र की तलहटी में दबे हुए होते हैं, उसी तरह मानव-जीवन के मोती भी मन रूपी सागर की तलहटी में दबे हुए होते हैं।

ऐसा कहा जाता है कि तत्कालीन ब्रिटिश प्रधानमंत्री सर रॉबर्ट पील ने फैराडे से उनके डायनेमो या जनरेटर के आविष्कार के बारे में पूछा, "इस आविष्कार का क्या उपयोग होगा?" जिस पर फैराडे ने उत्तर दिया, "मैं आज कुछ नहीं कह सकता। लेकिन एक दिन ऐसा आएगा, जब आपको इस खोज के लाभों के लिए लोगों पर कर (Tax) लगाना पड़ेगा।"

ये सच साबित हुआ। आज, बड़ी-बड़ी फैक्ट्रियाँ और कई अन्य व्यवसाय डायनेमो और मोटरों से बिजली पैदा करके सब कुछ चलाते हैं। इनके द्वारा निर्मित वस्तुओं पर सचमुच कर लगाया जाता है।

उनके अंतिम दिनों में, जब एक मित्र ने डेवी से पूछा कि उनकी संपत्ति क्या है, तो उन्होंने उत्तर दिया, "मेरी सबसे बड़ी संपत्ति फैराडे की खोज है।" डेवी ने फैराडे को पाया और उसे अच्छी तरह चमकाया।

1821 में फैराडे ने इलैक्ट्रोलिसिस मैग्नेटिज्म की नींव रखी। 1824 में उन्हें रॉयल सोसाइटी का फैलो चुना गया। 1825 में वे रॉयल इंस्टीट्यूशन के निदेशक बने। 1833 से अपनी मृत्यु के दिन तक वे उस स्थान पर रसायन विज्ञान के प्रोफेसर भी थे।

फैराडे ने 1821 में शादी की, लेकिन उनकी कोई संतान नहीं थी। 1841 में फैराडे का स्वास्थ्य खराब हो गया और तीन वर्षों के लिए वे अपने प्रिय विज्ञान से अलग रहे। 1845 में उन्होंने अपना काम फिर से शुरू किया। वह 1858 तक रॉयल इंस्टीट्यूशन में रहे। उस वर्ष मलका विक्टोरिया ने उन्हें सरकार द्वारा हेमनकोर्ट में एक आवासीय घर उपहार में दिया। 1895 में अपने अंतिम दिन बिताने के लिए उन्होंने अपना सारा काम-काज छोड़ दिया और इसी घर में रहने लगे।

फैराडे का कद छोटा था, उसकी आँखें चमकीली, मुस्कुराता हुआ चेहरा और अच्छा, फुर्तीला शरीर था। स्वभाव और रहन-सहन में बहुत सरल था और खुले दिल से सभी की मदद करता था।

फैराडे स्वाभाविक रूप से पहले उस शोध में लगा, जिसमें उनके गुरु डेवी ने लगाया था। सबसे पहले उन्होंने क्लोरीन गैस को द्रवीकृत किया। फिर उन्होंने कार्बन के दो क्लोराइड बनाये। फिर गैसों की उड़न-शक्ति पर शोध किया, स्टील के प्रकार बनाए और फिर विभिन्न प्रकार के ग्लास बनाए।

1821 में उन्होंने वह काम शुरू किया, जिसने न केवल उन्हें चमकाया, बल्कि उनकी स्मृति और काम को अमर और शाश्वत बना दिया। वह बिजली जो रात में पूरे विश्व को रोशन करती है और जो मनुष्य की सुख-सुविधा, आराम और विकास के सभी साधन पैदा करती है, उसकी नींव फैराडे ने इसी वर्ष रखी थी। सभी प्रकार की मोटरों की जीवनधारा ट्रांसफार्मर होते हैं। फैराडे ने इन ट्रांसफार्मरों के उत्पादन का बीज बोया और फिर अपनी आखिरी साँस तक इस बीज से एक बड़ा पेड़ बनाने का काम जारी रखा।

लोहे की छड़ के चारों ओर उसने एक तांबे की तार लपेट दी। जब तार में विद्युत धारा प्रवाहित की गई तो लोहे की छड़ में एक चुंबकीय बल उत्पन्न हो गया। फिर एक बड़े तार को चुंबकीय छड़ के चारों ओर लपेटा गया और जब छड़ को तेजी से घुमाया गया, तो बाहरी तार में विद्युत प्रवाह प्रेरित हो गई। इसी सिद्धांत पर मोटरें बनाई जाती हैं। चीजों की संरचना में बहुत विकास हुआ है, लेकिन मूल बात तो सिद्धांत को खोजना था। जब भाखड़ा बांध से निकलने वाली बड़ी नहरें ऐसे चुम्बकों को घुमाती हैं, तो पूरा पंजाब, हरियाणा, राजस्थान और दिल्ली के कुछ हिस्से जगमगा उठते हैं।

वस्तुतः यह सब विज्ञान का आशीर्वाद है और फैराडे जैसे वैज्ञानिकों की मेहनत है, जिन्होंने मनुष्य को इन ऊँचाइयों तक पहुँचाया है। हमारा भी कर्तव्य है कि हम इस कार्य में अपना जीवन समर्पित करें और मानवता को और अधिक ऊँचा उठायें। सफल जीवन तो विज्ञान के सच्चे पुजारियों का है। वे अपना भी जीवन आनंदमय व्यतीत करते हैं और आने वाली पीढ़ियों के लिए सुख, आनंद और उच्च जीवन के द्वार खोल जाते हैं। फैराडे के जीवनकाल के दौरान ही, इन मोटरों का विकास हो गया था और बिजली के माध्यम से प्रकाश-व्यवस्था और कई अन्य कार्यों के लिए उपयोग किया जाने लगा था। यहाँ तक कि अब ट्रेनें भी बिजली से चलने लगी हैं।

1833 में, फैराडे ने साबित किया कि बिजली मूलतः एक ही है, चाहे इसका उत्पादन कैसे भी किया जाए। इसके बाद उन्होंने एक और क्षेत्र में प्रवेश किया, जिसे उन्होंने इलैक्ट्रोलिसिस नाम दिया। इसका मतलब यह है कि विद्युत धारा को एक विशेष घोल में से प्रवाहित करके इसे दो भागों में तोड़ना। हम घरों में जिस नमक का उपयोग करते हैं, उसे रसायन-शास्त्र में सोडियम क्लोराइड कहा

जाता है। इसे पानी में घोलकर यदि हम इस घोल में एक तरफ तांबे की और दूसरी तरफ दूसरी तरफ तांबे की एक शीट रखें और फिर इसमें विद्युत धारा प्रवाहित करें तो यह सोडियम क्लोराइड दो भागों में टूट जाता है। सोडियम का एक भाग एक प्लेट पर और क्लोरीन का दूसरा भाग दूसरी प्लेट या इलेक्ट्रोड पर जमा होता है। एक इलेक्ट्रोड धनात्मक है और दूसरा ऋणात्मक है। फैराडे ने पॉजिटिव को एनोड और नेगेटिव कैथोड कहा। धातुओं के सभी लवण (SALT) इसी प्रकार टूटते हैं। यदि लवण में कोई मिश्रण हो तो वह घोल में घुला रहता है। अतः फैराडे ने इलेक्ट्रोलिसिस की विधि के दो नियम भी खोजे। वे हैं:-

1. जब विद्युत धारा किसी इलेक्ट्रोलाइट या नमक के घोल से प्रवाहित की जाती है, तो टूटे हुए कणों का भार विद्युत धारा के समानुपाती होता है। कण का भार उसमें से प्रवाहित धारा के समानुपाती होता है। यदि विद्युत धारा दुगुनी कर दी जाए तो कणों का भार भी दुगुना हो जाएगा।

2. यह भार सभी मामलों में तत्व के रासायनिक समकक्ष के अनुसार होगा। जो कुछ भी विज्ञान इलेक्ट्रोलिसिस के बारे में जानता है, वह फैराडे की देन है। इसके परिणामस्वरूप तत्वों के रासायनिक समकक्ष और उनके परमाणु भार का पता लगाने का एक नया और आसान तरीका सामने आया।

इस इलेक्ट्रोलिसिस की विधि का उपयोग उद्योग या वाणिज्य में कई तरह से किया जाता है। इसी प्रकार खनिजों से धातुओं को निकाला जाता है और शुद्ध अवस्था में भी इसी प्रकार लाया जाता है ताकि उनकी पूर्ण शुद्धता बनी रहे। कास्टिक सोडा, जिसका उपयोग साबुन में भी किया जाता है तथा क्लोरीन आदि गैसें भी इसी प्रकार उत्पन्न होती हैं। यह क्लोरीन गैस ही है, जिसका उपयोग स्विमिंग पूल के पानी को साफ करने के लिए किया जाता है।

एक और काम जो फैराडे ने अपने बुढ़ापे में किया, वह यह खोज थी कि चुंबकत्व सभी वस्तुओं को प्रभावित करता है। जो वस्तुएँ चुंबक की ओर आकर्षित होती हैं, उन्हें उन्होंने पैरा मैग्नेटिक नाम दिया और जिन वस्तुओं का विपरीत (विकर्षक) प्रभाव होता है, उन्हें डाया-मैग्नेटिक नाम दिया।

माइकल फैराडे का एक गुण यह था कि वह केवल एक आविष्कारक ही नहीं थे, बल्कि लेक्चरर भी बहुत अच्छे थे। श्रोता उनका भाषण सुनते ही मोहित हो जाते थे। युवाओं पर उनका प्रभाव जादू जैसा था। उन्होंने युवाओं को व्याख्यान देने के लिए बड़े दिन की छुट्टियाँ आरक्षित कर दीं। जब तक उनके शरीर में जान थी, तब तक वे अपने काम में डूबे रहे। हम जानते हैं कि हर किसी के जीवन में एक समय ऐसा आता है जब शरीर थोड़ा-सा भी तनाव सहन नहीं कर पाता है। यह स्थिति

उनके साथ 1865 में घटी और उन्हें उस स्थान पर जाने के लिए मजबूर होना पड़ा, जो महारानी ने उन्हें रहने के लिए दिया था। वहाँ से वह, एक गरीब लोहार का बेटा, 25 अगस्त 1867 को इस दुनिया से चला गया, जहाँ से आज तक कोई नहीं लौटा, न तो साधारण से लेकर सामान्य प्राणी, इंसान और न तथाकथित पहुँच वाले लोग, गुरु, पीर, पैगम्बर। यह ज्ञान पाने की इच्छा, किसी भी अन्य इच्छा से ऊँची घाटी है और केवल माइकल फैराडे जैसे नायक ही इस पर चढ़ते हैं, जो दुनिया में सुख-सुविधाएँ सांझा करते हुए चले जाते हैं।

माइकल फैराडे को उनकी इच्छा के अनुसार हाईगेट कब्रिस्तान में दफनाया गया था और उनकी कब्र महान कार्ल मार्क्स की कब्र के करीब है।

फैराडे को निम्नलिखित खोजों के लिए जाना जाता है:-

* विद्युत रसायन का फैराडे का नियम

* फैराडे प्रभाव * फैराडे केज * फैराडे स्थिरांक

* फैराडे कप * फैराडे के इलेक्ट्रोलिसिस के नियम

* फैराडे पैराडॉक्स * फैराडे रोटेटर * फैराडे वेव

* फैराडे-दक्षता प्रभाव * फैराडे व्हील

* बल की लाइनें * रबर गुब्बारे

फैराडे को 1835 और 1846 में रॉयल मेडल मिला और 1832 और 1838 में कोप्ले मेडल से सम्मानित किया गया था। रमफोर्ड मेडल 1846 में और अल्बर्ट मेडल 1866 में प्रदान किया गया।

यह भी ध्यान देने योग्य बात है कि फैराडे ने 1862 में पब्लिक स्कूल कमीशन के समक्ष ब्रिटिश शिक्षा विभाग की कड़ी आलोचना की थी कि उन्हें जादू-टोना के विरुद्ध शिक्षा देनी चाहिए न कि इसके पक्ष में।

अपने मित्र बेंजामिन अल्बर्ट को व्याख्यान देने के बारे में लिखा:-

"व्याख्यान के आरंभ में एक मोमबत्ती जलाएँ और वह मोमबत्ती व्याख्यान के अंत तक पूरी रोशनी देती रहे" उनके व्याख्यान आनंद, उत्साह और दर्शन से भरे थे। अपने एक व्याख्यान में उन्होंने कहा:- "आप जानते हैं कि बर्फ पानी पर तैरती है, लेकिन यह ऐसे क्यों तैरती है? इस बारे में सोचो और ज्ञान गोष्ठी करो।" उनके विषय रसायन विज्ञान और बिजली से संबंधित थे।

1841 में "रसायन विज्ञान की मूल बातें", 1843 में बिजली का पहला सिद्धांत, 1848 में एक मोमबत्ती का रासायनिक इतिहास, 1851में आकर्षक बल, 1853 में वोल्टाइक बिजली, 1851 में दहन का रसायन, 1855 में आम धातुओं के विशिष्ट गुण, 1857 में स्थैतिक विद्युत, 1858 में धात्विक गुण, 1859 में पदार्थ की

विभिन्न शक्तियाँ और उनका एक दूसरे से संबंध।

माइकल फैराडे की एक मूर्ति सेवॉय प्लेस में लंदन इंस्टीट्यूशन ऑफ इंजीनियरिंग एंड टेक्नोलॉजी के बाहर लगाई गई है। उनके जन्मस्थान के पास नेविंगटन बस्ट में वास्तुकार रॉडनी गॉर्डन द्वारा 1961 में माइकल फैराडे मेमोरियल के नीचे एक प्रतिमा लगाई है, जहाँ उनकी कार्यशाला हुआ करती थी। वहाँ फैराडे स्कूल की स्थापना की गयी है। उनकी कार्यशाला आज भी सुरक्षित रखी गई है। हमारे देश के लोगों और विशेषकर पंजाबियों की प्रकृति के विपरीत, वे अपने महान पूर्वजों की यादों को जीवित रखते हैं। वॉलवर्थ, लंदन में एक छोटे से पार्क में फैराडे गार्डन है। लंदन साउथ बैंक यूनिवर्सिटी ने इलेक्ट्रिकल इंजीनियरिंग विभाग का नाम फैराडे विंग रखा है। लॉफबोरो विश्वविद्यालय ने 1960 में अपने एक हॉल का नाम फैराडे के नाम पर रखा। उन्होंने डाइनिंग हॉल की शुरुआत में फैराडे की एक कांस्य प्रतिमा बनाई है और वहाँ एक विद्युत ट्रांसफार्मर भी दर्शाया गया है। एडिनबर्ग विश्वविद्यालय ने भी अपने विज्ञान और इंजीनियरिंग परिसर का नाम फैराडे के नाम पर रखा है। इसी तरह, ब्रुनेल विश्वविद्यालय ने स्वानसी विश्वविद्यालय ने फैराडे को भवन और विभाग समर्पित किए हैं। यह काम नॉर्दन इलिनोइस यूनिवर्सिटी ने भी किया है। अंटार्कटिका में भी फैराडे स्टेशन बनाया गया है

जब अल्बर्ट आइंस्टाइन जर्मनी से भागकर आये तो उन्होंने 3 अक्टूबर 1933 को लंदन के रॉयल अल्बर्ट हॉल में 'बौद्धिक स्वतंत्रता' पर व्याख्यान दिया और कहा:-

यदि ऐसी स्वतंत्रता न होती, तो न तो शेक्सपियर होता, न गोएथे, न न्यूटन, न फैराडे, न पाश्चर होने थे और न लिस्टर।

कई ब्रिटिश शहरों में भी फैराडे के नाम पर सड़कें हैं जैसे लंदन, फिफ, सेविंडन, बेसिंगस्टोक, नॉटिंघम, व्हिटबी, किर्कबी, क्रॉली, न्यूबरी, स्वानसी, एलिजबरी, और स्टीवनेज और फ्रांस (पेरिस) जर्मनी (बर्लिन, हन्सडॉर्फ) कनाडा (क्यूबेक शहर, क्यूबेक) डीप रीवर, ओंटारियो, ओटावा, रिस्टन-वर्जीनिया और न्यूजीलैंड (हार्वके की खाड़ी)

फैराडे की स्मृति में रॉयल सोसाइटी ऑफ आर्ट्स ब्लू प्लाक का अनावरण 1876 में 48 ब्लैंड फोर्ड स्ट्रीट, मैरीलेबोन डिस्ट्रिक्ट लंदन में किया गया था। 1991 से 2001 तक, उन्हें ब्रिटिश 20 पाउंड के नोट पर चित्रित किया गया था और उन्हें मैग्नेटो-इलेक्ट्रिक रेजोनेटर उपकरण पर रॉयल इंस्टीट्यूशन में व्याख्यान देते हुए दिखाया गया था। 2002 में, बी.बी.सी ने पूरे ब्रिटेन में 100 महानतम ब्रितानियों

का सर्वेक्षण किया और फैराडे को 22वाँ स्थान दिया।

फैराडे इंस्टीट्यूट फॉर साइंस एंड पब्लिकेशन और उनका लोगो (Logo) भी फैराडे को समर्पित है। 2006 में, जॉन टेम्पलटन फाउंडेशन ने विज्ञान और धर्म का पता लगाने के लिए $2,000,200 का अनुदान प्रदान किया। फैराडे इंस्टीट्यूशन की स्थापना 2017 में हुई थी, जो एक स्वतंत्र संस्थान है। यह एक ब्रिटिश अनुसंधान संगठन है जो बैटरी विज्ञान, प्रौद्योगिकी, शिक्षा, सार्वजनिक आउटरीच और वाणिज्यिक अनुसंधान के लिए समर्पित है।

अपने दसवें सीजन में, अमेरिकी वृत्तचित्र ने फैराडे के जीवन और उपलब्धियों का विवरण दिया। इस अमेरिकी विज्ञान वृत्तचित्र का नाम है:- "कॉसमॉस: ए स्पेसटाइम ओडिसी" रखा गया था। फोकस टी.वी. और 2014 में नेशनल ज्योग्राफिक चैनल पर इसे दिखाया गया था। इस एपिसोड को माइकल फैराडे को समर्पित "द इलेक्ट्रिक बॉय" नाम दिया गया था।

प्रसिद्ध ब्रिटिश लेखक एल्डस हक्सले ने अपने एक निबंध "ए नाइट इन पिएत्रामाला" में लिखा है:-

"वह हमेशा एक प्राकृतिक दार्शनिक रहे हैं। उनका एकमात्र उद्देश्य और रुचि सत्य की खोज करना था। अगर मैं शेक्सपियर भी होता, तो मेरा ख्याल है कि मैं फैराडे बनता।"

रॉयल सोसाइटी को दिए एक भाषण में, पूर्व ब्रिटिश प्रधानमंत्री श्रीमती मार्गरेट थैचर ने फैराडे को एक नायक के रूप में सम्मानित करते हुए कहा:- "उनका काम बाजार के सभी शेयरों और शेयरों से अधिक मूल्यवान है।" इस भाषण के बाद उन्होंने फैराडे की एक मूर्ति उधार ली और इसे प्रधानमंत्री के निवास, 10 डाउनिंग स्ट्रीट पर स्थापित किया।

क्या कभी भारत में वैज्ञानिकों, कलाकारों, लेखकों को वही सम्मान दिया जाएगा, जो ये लोग देते हैं या हम निरे अनपढ़, थोथे साधुओं, बाबाओं के गुण गाते रहेंगे?

1991 में, फैराडे के जन्म के शताब्दी वर्ष पर, उनकी स्मृति में एक डाक टिकट जारी किया गया था और एक विशेष कार्यक्रम में बीस पाउंड के नोट पर विलियम शेक्सपियर के बजाय उनकी तस्वीर और हस्ताक्षर प्रदर्शित किये गये थे।

***

5

लुईस पाश्चर - माइक्रो बायोलॉजी का संस्थापक

लुई पाश्चर का जन्म 27 दिसम्बर, 1822 को फ्रांस के डोले जुरा नामक गाँव में हुआ था। उनके पिता पहले नेपोलियन की सेना में सार्जेंट मेजर थे। फिर उन्होंने

उसी गाँव में चमड़ा शोधन का काम शुरू किया। पाश्चर ने पहले अरबैस के स्कूल में दाखिला लिया, फिर 1838 में उन्हें पेरिस के लतानी मोहल्ले के स्कूल में भर्ती कराया गया। इसके बाद उन्होंने बेसनकॉन के रॉयल कॉलेज में प्रवेश लिया और वहाँ से 1840 में बी. ए. की परीक्षा उत्तीर्ण की। फिर वे बेसनकॉन में ही गणित के मास्टर के सहायक बन गए और दो साल तक वहीं रहकर बी.एससी. की डिग्री प्राप्त की। इसके बाद, सरबोन विश्वविद्यालय में भौतिकी के एक प्रसिद्ध प्रोफेसर बन गए, लेकिन वह जल्द ही वहाँ से स्ट्रासबर्ग विश्वविद्यालय चले गए, जहाँ उन्होंने रसायन विज्ञान का अध्ययन शुरू किया। उन्होंने सरबोन विश्वविद्यालय में कुछ समय तक प्रोफेसर बाइट के साथ काम किया। उन दिनों प्रो. बाइट ध्रुवीकृत प्रकाश (Polarized Light) पर काम कर रहे थे। इस कार्य में प्रो. बाइट को एक दुविधा का सामना करना पड़ा। ध्रुवीकृत प्रकाश पर टार्टरिक अम्ल के प्रभाव से वह मंत्रमुग्ध हो गया। एक प्रकार के टार्टरिक एसिड क्रिस्टल प्रकाश को दाईं ओर मोड़ते हैं। दूसरा, क्रिस्टल का एक ही प्रकाश पर कोई प्रभाव नहीं पड़ा। बाइट काफी देर तक अपना सिर खपाता रहा, लेकिन उसे कुछ पता नहीं चला।

लुई पाश्चर को बातें बहुत जल्दी सूझती थीं। दिमाग अच्छे से काम कर रहा था और हाथ भी। पाश्चर ने शीघ्र ही इस समस्या का समाधान कर दिया। उन्होंने बताया कि टार्टरिक एसिड दो प्रकार का होता है:- एक प्रकाश को दाईं ओर मोड़ता है और दूसरा बाईं ओर। जब दोनों को समान मात्रा में मिला दिया जाता है, तो वे एक-दूसरे को रद्द कर देते हैं और ऐसा प्रतीत होता है मानो इन क्रिस्टलों का प्रकाश पर कोई प्रभाव ही नहीं पड़ता है। जब यह मामला पूरी तरह से प्रो. बाइट को प्रकट हुआ, तो वह बहुत खुश हुए। एक ही काम के कारण पाश्चर को स्ट्रासबर्ग में रसायन विज्ञान की प्रोफेसर की उपाधि मिल गयी।

उस समय, स्ट्रासबर्ग अकादमी के रेक्टर लॉरेंट थे। वह और पाश्चर पत्र-व्यवहार करते रहे। 1849 में लुई पाश्चर ने रेक्टर की बेटी "मैरी" से शादी की। यह शादी जीवन भर बहुत सफल साबित हुई। आपसी प्रेम से के अलावा "मैरी" का पाश्चर को उसके शोध में मदद करना बहुत उपयोगी साबित हुआ।

1854 में, पाश्चर को लिली विश्वविद्यालय में रसायन विज्ञान का प्रोफेसर और विज्ञान संकाय का डीन नियुक्त किया गया। लिली फ्रांस में किण्वन (Fermentation) उद्योग का केंद्र था। पाश्चर की उपलब्धियों की नींव, जिसने पाश्चर का नाम पूरी दुनिया में जाना, यहीं रखी गई थी।

एक दिन बीयर बनाने वाला एक उद्योगपति उसे फैक्ट्री में ले गया। वहाँ उन्हें बीयर से भरे दो बर्तन दिखाए गए। एक में अच्छी बीयर और दूसरे में खराब।

उन्होंने पाश्चर से इसका कारण जानने को कहा। पाश्चर बातचीत करने में तो अच्छे थे ही, दूसरी बात यह कि वे जिस काम में हाथ डालते थे, बड़ी लगन और लगन से करते थे। इस काम में दस साल लग गये। अंततः, उन्होंने किण्वन की संपूर्ण जटिलता को सुलझा लिया।

पहली बार, वैज्ञानिकों को एहसास हुआ कि हवा में रोगाणु होते हैं और ये रोगाणु ही हैं जो बीमारी का कारण बनते हैं और अन्य ऐसे रोगाणु हैं जो इसे खट्टा बनाते हैं। फिर उन्होंने चीनी पर इन कीटाणुओं का असर देखा और चीनी से एक तरफ अल्कोहल बनाया और फिर एसिटिक एसिड और दूसरी तरफ लैक्टिक और ब्यूटिरिक एसिड तैयार किया। पाश्चर ने इस सिद्धांत को 1857 में प्रकाशित किया और इसने विज्ञान जगत में हलचल मचा दी। इस सिद्धांत का बहुत प्रभाव पड़ा और लुई पाश्चर सभी वैज्ञानिकों के बीच लोकप्रिय हो गये।

तभी पाश्चर ने यह भी पता लगाया कि भोजन और पेय पदार्थों को खराब होने से बचाने के लिए उन्हें 100 डिग्री सेल्सियस तक गर्म करने की आवश्यकता होती है। तब से यह विधि पूरी दुनिया में प्रयोग की जाने लगी है और इसे 'पाश्चुरीकरण' कहा जाता है।

लॉर्ड लिस्टर, जिन्होंने सर्जरी में एंटीसेप्टिक्स का उपयोग शुरू किया, इसे उन्होंने पाश्चर के रोगाणु सिद्धांत से ही लिया था।

1865 में फ्रांसीसी सरकार ने पाश्चर से रेशम कीट रोग पर शोध करने का अनुरोध किया। तीन साल की कड़ी मेहनत के बाद उन्होंने निष्कर्ष निकाला कि यह बीमारी दो प्रकार के कीड़ों (बैसिली) के कारण होती है और पाश्चर ने रेशम उद्योग को नष्ट होने से बचा लिया।

1867 में, पाश्चर को पेरिस के प्रसिद्ध सरबोन विश्वविद्यालय में रसायन विज्ञान का प्रोफेसर नियुक्त किया गया। नौकरी मिलते ही उन्होंने किण्वन पर अपना प्रसिद्ध पेपर प्रकाशित किया।

1868 में लुई पाश्चर थोड़ा लकवाग्रस्त हो गए, लेकिन इस शारीरिक चुनौती के बावजूद उन्होंने अपने शोध पर काम करना जारी रखा। 1877 में उनका मन जीवाणु-विज्ञान (Bacteriology) की ओर मुड़ गया। सबसे पहले, उन्होंने घोड़ों और घरेलू पशुओं की प्रसिद्ध बीमारी, जिसे अंग्रेजी में 'एंथ्रेक्स' और पंजाबी में 'मुँह खुर' की बीमारी के नाम से जाना जाता है, पर शोध करना शुरू किया। साथ ही उन्हें चिकन पॉक्स का इलाज ढूँढ़ने का काम भी सौंपा गया था। किण्वन पर शोध करके उन्होंने बताया कि हवा में दो प्रकार के रोगाणु होते हैं, एक जो शराब बनाते हैं और दूसरे जो उसे खराब करते हैं। चिकन पॉक्स की खोज के बाद उन्होंने

बैक्टीरिया को अलग किया और उनका संवर्धन किया और मुर्गियों को चिकन पॉक्स रोग से बचाने के लिए चेचक के टीके जैसे टीके देना शुरू किया और इस बीमारी को खत्म कर दिया। यह बीमारी इंसानों और खासकर उनके साथ काम करने वाले कर्मचारियों को भी प्रभावित करती है। उन्होंने इसकी वैक्सीन बनाकर इंसानों की रक्षा भी की है।

अब हम लुई पाश्चर की आखिरी और सबसे मशहूर और सबसे गुणकारी उपलब्धि पर आते हैं। यह कुत्तों की रेबीज का टीका खोज निकालना। उन्होंने इस शोध पर कई साल बिताए। अपने घर के साथ उन्होंने रेबीज के कुत्तों के लिए भी एक घर बनाया हुआ था। यह बहुत कठिन और जोखिम भरा काम था। एक बार, एक रेबीज कुत्ते के मुँह से लार की नली लेते समय लार उसके ही मुँह में आ गई। जिस प्रकार स्वतंत्रता सेनानी अपने विचारों के लिए अपनी जान दे देते हैं, उसी प्रकार वैज्ञानिक भी ज्ञान के शहीद होते हैं, कुछ मर जाते हैं और कुछ जीवित रहते हैं, लेकिन दोनों ही पक्ष जान की बाजी लगाते हैं।

जर्मनी में एक बार कार्बनिक सल्फर यौगिक (ऑर्गेनिक सल्फर कंपाउंड) की खोज शुरू हुई। जो कोई भी खोज करने लगे, उसके शरीर से गंध आने लगे और कोई दूसरा व्यक्ति उसके पास नहीं आ पाता। ज्ञान के प्रेमी युवाओं ने इस कार्य के लिए भी अपने जीवन का बलिदान दिया। लुई पाश्चर की भी ऐसी ही स्थिति थी। अपनी दृढ़ता और दृढ़ संकल्प के कारण, पाश्चर एक सीरम बनाने में सफल रहे, जिसका टीका कुत्तों को रेबीज के रोग से बचा लेता था। फिर पाश्चर इंसानों के लिए ऐसा सीरम तैयार करने के शोध में जुट गया। यह बहुत कठिन कार्य था। बहुत विचार-विमर्श के बाद, जोसेफ मीस्टर नामक एक बच्चे को, जिसे एक पागल कुत्ते ने काट लिया था, लुई पाश्चर के पास लाया गया। नौ दिनों तक, पाश्चर बच्चे को टीका लगाते रहे और तीन सप्ताह के बाद उन्हें विश्वास हो गया कि बच्चा ठीक हो जाएगा। अस्पताल में तीन महीने और तीन सप्ताह के बाद, जोसेफ मीस्टर राजी-खुशी घर चला गया। पाश्चर ने इस बालक के उपचार में बड़ी चिन्ता के दिन व्यतीत किये, परन्तु जब बालक पूरी तरह स्वस्थ हो गया तो पाश्चर को बड़ी राहत और प्रसन्नता हुई।

रेबीज के वैक्सीन के आविष्कार ने पाश्चर को पूरी दुनिया में प्रसिद्ध कर दिया। पहले तो उन्हें एक बड़ी नौकरी की पेशकश की गई, फिर पूरी दुनिया से पाश्चर इंस्टीट्यूट बनाने के लिए धन आने लगा। एक अलग संस्था का गठन किया गया और लुई पाश्चर को इसका निदेशक बनाया गया।

पाश्चर के बहुमूल्य कार्यों ने फ्रांस को समृद्ध बनाया। जर्मनी ने युद्ध का जितना खर्च फ्रांस पर डाला था, यह केवल रेशम उद्योग द्वारा एक वर्ष में कमा लिया। उनकी खोजें पूरी दुनिया के लिए बहुत उपयोगी साबित हुईं। रेबीज या रोग समाप्त हो गया। कई बीमारियों के लिए टीके सामने आए और सर्जरी में एंटीसेप्टिक्स के उपयोग ने एक क्रांति ला दी।

1892 में, पाश्चर की सत्तरवीं जयंती मनाने के लिए दुनिया भर से वैज्ञानिक पेरिस में एकत्र हुए। उसमें लुई पाश्चर की खोजों को बहुत सराहा गया था। एंटीसेप्टिक सर्जरी के प्रणेता लॉर्ड लिस्टर ने कहा:-

"आपकी खोजों ने सर्जरी में अंधेरे स्थानों पर बहुत प्रकाश डाला है। घावों का इलाज जो काफी दर्दनाक और अनिश्चित था, अब वह एक आश्वस्त वैज्ञानिक कौशल बन गया है। आपने न केवल सर्जरी के लिए, बल्कि पूरे चिकित्सा पेशे के लिए कुछ ऐसा किया है, जिसे आने वाली पीढ़ियाँ कभी नहीं भूल पाएँगी।

आपके शोधों से मैंने जो कुछ भी प्राप्त किया है, उसके लिए मैं बहुत आभारी हूँ। एक ऊँचे दिमाग और विनम्र स्वभाव वाले फ्रांस के एक बेटे ने दुनिया के स्वास्थ्य में इतना योगदान देकर हम सभी की बहुत बड़ी सेवा की है।"

इन शब्दों के बाद लॉर्ड लिस्टर मंच पर चढ़े और लुई पाश्चर को गले लगाने के लिए आगे बढ़े। इकट्ठे हुए वैज्ञानिकों ने तालियाँ बजाईं और पाश्चर की प्रशंसा की।

लुई पाश्चर को बहुत सम्मान और गौरव प्राप्त हुआ। उनकी मृत्यु के बाद फ्रांस में एक जनमत संग्रह कराया गया, जिसका परिणाम यह निकला कि फ्रांस ने अब तक जो सबसे महान शख्सियत पैदा की थी, वह लुई पाश्चर थे। इस सारे वैभव का पाश्चर के मन पर कोई प्रभाव नहीं पड़ा। वह हमेशा की तरह विनम्र रहे और सभी से प्रेम और करुणा से मिले। ये गुण सामान्यतः उच्च मानवों एवं शीर्ष वैज्ञानिकों में पाये जाते हैं।

लुई पाश्चर के व्यक्तित्व के कुछ अन्य पहलू भी ध्यान देने योग्य हैं। उनका कहना है कि सफल और आनंददायक जीवन के लिए तीन चीजें आवश्यक हैं:- (1) काम में डूबे रहना और काम करते समय उसमें पूरी तरह डूब जाना। (2) चाहे कितनी भी कठिनाइयाँ आएँ, उन्हें पूरी दृढ़ता से हल करें, क्योंकि घबराहट सफलता को नष्ट कर देती है। (3) मानव मन सफलता से खिल उठता है, और आगे और भी कठिन घाटियों पर चढ़ने के लिए तैयार हो जाता है।

लुई पाश्चर अपने काम में इतना तल्लीन रहते थे कि उन्हें विश्वविद्यालय की बैठकें भी याद नहीं रहती थीं और उनकी प्रेमिका प्रयोगशाला में जाकर उन्हें याद

दिलाती रहती थीं। यह भी किस्सा मशहूर है कि अपनी ही शादी के दिन भी, उन्हें याद दिलाने के लिए उनके दोस्तों को प्रयोगशाला में जाना पड़ा था।

इन महापुरुषों की कमाई के कारण ही "कार्य करना" वैज्ञानिक बनने का पहला गुण बन गया। जब छात्र कॉलेज में विज्ञान की कक्षाओं में प्रवेश करते थे, तो उन्हें पहला गुर बताया जाता था:- "WORK IS WORSHIP FOR A SCIENTIST'' यानी - एक वैज्ञानिक के लिए काम ही पूजा है।

अपने अंतिम दिनों में, जब लुई पाश्चर के शिष्य उनसे मिलने आते थे, तो वह उन्हें यही सिखाता था, "कार्य में लीन रहो।"

28 सितंबर, 1895 को, 73 वर्ष के होने से पूरे तीन महीने पहले, उन्होंने बिस्तर पकड़ लिया। जब एक दोस्त ने उनके मुँह में दूध डालने की कोशिश की, लेकिन पाश्चर ने सिर हिलाया और अपनी आँखें हमेशा के लिए बंद करके दुनिया को अलविदा कह दिया।

   ***

6

थॉमस अल्वा एडीसन

थॉमस अल्वा एडिसन का जन्म 11 फरवरी, 1847 को मिलान, ओहियो, अमेरिका में हुआ था। लेकिन 1854 में उनका परिवार पोर्ट ह्यूरन, मिशीगन चला गया। वे अपने परिवार में सात भाई-बहनों में सबसे छोटे थे।

बचपन से ही उन्हें हर चीज के बारे में जानने की इच्छा थी। ऐसा क्यों हुआ? कैसे हुआ? यदि वह स्वयं अनुभव करके देख लेता तो संतुष्ट हो जाता।

एडिसन को अभी कुछ ही महीने स्कूल में हुए थे, जब उन्हें यह कहकर स्कूल से निकाल दिया गया था कि "उनका मन बहुत उलझा हुआ है और वह स्कूल की पढ़ाई नहीं कर सकता।" और प्रधानाध्यापक द्वारा लिखे एक नोट के आधार पर उन्हें स्कूल से निकाल दिया गया था। उसने वह नोट अपनी माँ को दे दिया। नोट पढ़कर माँ की आँखों में आँसू आ गये। "माँ, आप क्यों रो रही हो? नोट में क्या लिखा है?" एडिसन ने चिंतित होकर अपनी माँ से पूछा।

"बेटा, ये खुशी के आँसू हैं। मास्टर ने लिखा है - तुम्हारा बेटा पढ़ाई में बहुत योग्य है। यह लड़का असाधारण है। इसका दिमाग इतना तेज है कि हम इसे सिखा नहीं सकते। इसके विपरीत, यह हमें सिखा सकता है। दुनिया का कोई भी स्कूल इसके लिए बहुत छोटा है। आप इसे घर पर स्वयं पढ़ा सकते हैं।" इतना कहकर एडिसन की माँ ने उसे गले लगा लिया।

एडिसन की माँ स्वयं एक शिक्षिका थी और अब वह उन्हें घर पर ही शिक्षा देने लगी। उन्होंने अपने प्रतिभाशाली बेटे को सिखाया कि कैसे पढ़ना-लिखना है और समाज में कैसे रहना है।

जब इस महान वैज्ञानिक की माँ की मृत्यु हो गई तो एक दिन जब वह अपना सामान खंगाल रहे थे, तो उन्हें स्कूल के हेडमास्टर द्वारा दिया गया वह नोट मिला जिसमें उन्हें स्कूल से निकाल दिया गया था।

एडिसन ने नोट पढ़ना शुरू किया, जिसमें लिखा था:- "तुम्हारा लड़का बहुत नालायक है। यह पढ़ तो नहीं पा रहा है, लेकिन दूसरे विद्यार्थियों को भी बिगाड़ रहा है। इस जैसे मोटे दिमाग वाले लड़के को स्कूल न भेजें। इसके स्कूल में आने से यहाँ का माहौल खराब होता है, बेशक आप खुद पढ़ाकर देख लो, तो पता चल जाएगा।"

अध्यापक द्वारा दिया गया नोट पढ़कर एडिसन बहुत देर तक रोते रहे और बहुत देर तक अपनी माँ की तस्वीर को देखते रहे। उनका सिर अपनी माँ की तस्वीर के सामने झुक गया, जिसने उन्हें विश्व-प्रसिद्ध वैज्ञानिक बनाया था।

जिस समय एडिसन को अपमानित करके स्कूल से निकाल दिया गया था, उस वक्त उनकी उम्र 10 साल थी।

अपनी बुद्धिमत्ता, जिज्ञासा और लगन के कारण एडिसन हर बात को बहुत जल्दी समझ जाते थे। उन्होंने अपने प्रयोगों के संचालन के लिए अपने घर के तहखाने में एक प्रयोगशाला बनाई। अपने खाली समय में वे यहाँ प्रयोग किया करते थे।

जब वह 15 वर्ष के हुए, तो उन्हें अलग-अलग प्रयोगों के लिए अधिक धन की आवश्यकता थी, लेकिन उनका परिवार इतना अमीर नहीं था कि उन्हें पैसे दे सके। अब उन्होंने डेट्रॉइट शहर से कुछ साग-सब्जियाँ खरीदकर ट्रेन में थोड़े मुनाफे पर बेचना शुरू कर दिया। वापस लौटते समय उसके पास कुछ समय बच जाता था। उसका व्यापारिक दिमाग डेट्रॉइट में बचे इस अतिरिक्त समय और ट्रेन में बिताए गए समय का कुछ उपयोग करने का तरीका सोचने लगा। वह डेट्रॉइट में एक युवा क्लब का सदस्य बन गया ताकि वह उनकी लाइब्रेरी में बैठ सके और पढ़ सके। वह विज्ञान की किताबें पढ़ता और नये-नये प्रयोगों और आविष्कारों के बारे में सोचता रहता।

अब एडिसन ने बुद्धिमानी की बात करी कि उसने रेलवे कंपनी में ही अखबार विक्रेता की नौकरी कर ली। इससे उसे न केवल इतना फायदा हुआ कि ट्रेन में बिताए तीन घंटों में उन्होंने उन स्टेशनों पर अखबार बेचकर मुनाफा कमाना शुरू कर दिया, जहाँ-जहाँ ट्रेन रुकती थी, बल्कि उन्हें मुफ्त में यात्रा करने की अनुमति भी मिल गई। लेकिन यहाँ एक समस्या यह थी कि अखबार तभी बिकता था, जब ट्रेन स्टेशन पर रुकती थी, चलती ट्रेन में क्या किया जाए? अब उन्होंने रेलगाड़ी के एक डिब्बे में एक चलती-फिरती प्रयोगशाला खोल ली।

1861 में उतरी और दक्षिणी अमेरिका में युद्ध छिड़ गया। अब जैसे होता है कि लोग युद्ध की खबरें सुनने के लिए बहुत उत्सुक रहते हैं। इसी सोच ने एडिसन को एक ऐसा अखबार बनाने के लिए प्रेरित किया जो रेल यात्रियों की पढ़ने की भूख मिटा सके। जैसा कि कहा जाता है, "जहाँ चाह, वहाँ राह", एडिसन को सस्ते दाम पर एक पुरानी मशीन मिल गई। एडिसन ने उस मशीन को ट्रेन के डिब्बे में रख दिया, वह खुद ही समाचार लिखता, उन्हें कम्पोज करता और अखबार छापता। उन्होंने इसका नाम रखा - "ग्रैंड ट्रंक हेराल्ड" और यह अखबार बहुत लोकप्रिय हो गया। इस अखबार की प्रतिदिन चार सौ प्रतियाँ बिकती थीं। गौर करने वाली बात यह भी है कि चलती गाड़ी में छपने वाला यह दुनिया का पहला अखबार था। लंदन के मशहूर अखबार "टाइम्स" ने भी इस अखबार की तारीफ की।

एक दिन एडिसन ट्रेन से उतरकर अखबार बेच रहे थे, तभी अचानक उनका ध्यान कहीं और चलागया और ट्रेन चल पड़ी। एडिसन गाड़ी पकड़ने के लिए दौड़ा। एक रेलवे कर्मचारी ने उसके दोनों कान पकड़कर अपनी ओर खींच लिया और उसकी पिटाई की, क्योंकि चलती ट्रेन पकड़ना जीवन के लिए खतरा था। एडिसन गिरने से तो बच गए, लेकिन यह भी माना जाता है कि ट्रेन कर्मचारी की पिटाई से उनकी सुनने की क्षमता पर गंभीर असर पड़ा और उनकी सुनने की क्षमता खत्म

हो गई, जो धीरे-धीरे बहरेपन में बदल गई।

इसके बाद एक और हादसा हो गया। ट्रेन के डिब्बे में प्रिंटिंग प्रेस के अलावा वे अपनी प्रयोगशाला के उपकरण भी वहीं रखते थे और खाली समय में वहीं अपने प्रयोग किया करते थे। एक दिन वह फॉस्फोरस लेकर आया और ट्रेन के डिब्बे में रख दिया, लेकिन अचानक फॉस्फोरस से ट्रेन के डिब्बे में आग लग गई। गाड़ी रुकी और आग बुझाई गई। लेकिन रेलवे कर्मचारियों ने उन्हें फिर से पीटा और उनका अखबार बेचना और प्रयोगशाला का काम बंद कर दिया।

संयोगवश उन्हीं दिनों एक स्टेशन मास्टर का छोटा लड़का रेल की पटरियों के पास खेल रहा था। बच्चा अपनी मस्ती में खेल रहा था और उसे पता ही नहीं चला कि ट्रेन आ रही है। वहाँ खड़े सवारियों और अन्य लोगों की नजरें भी आती हुई ट्रेन पर टिकी थीं। अचानक एडिसन की नजर उस बच्चे पर पड़ी, जो खेल रहा था। उसने अपनी जान जोखिम में डालकर बच्चे को उठाया और रेलवे लाइन से दूर छलांग लगा दी। एक पल की भी देरी स्टेशन मास्टर के बच्चे की जान ले सकती थी। सभी ने एडिसन के साहस और बहादुरी की प्रशंसा की और जब स्टेशन मास्टर को इस घटना के बारे में पता चला, तो उन्होंने एडिसन को धन्यवाद देते हुए कहा:- "कृपया मुझे बताएँ कि मैं आपके काम के लिए क्या कर सकता हूँ ताकि मैं आपके इस उपकार का बदला चुका सकूँ।" एडिसन ने अनुरोध किया "मैं टेलीग्राफी सीखना चाहता हूँ, क्या आप इस कार्य में मेरी मदद कर सकते हैं?"

स्टेशन मास्टर ने एडिसन का अनुरोध स्वीकार कर लिया और कुछ ही दिनों में वह काम सीख गया। तभी उन्हें एक स्टेशन पर टेलीग्राफ ऑपरेटर की नौकरी मिल गयी। लेकिन एडिसन अपने प्रयोगों और खोजों में मग्न थे। इसलिए उनकी लापरवाही के कारण उन्हें नौकरी से निकाल दिया गया। इसके बाद एडिसन अपनी टेलीग्राफ मशीन बनाने में व्यस्त हो गये। उनकी आर्थिक स्थिति बहुत पतली थी और किसी ने उन्हें सुझाव दिया कि आपको न्यूयॉर्क चले जाना चाहिए, वहाँ आपके काम को महत्व दिया जाएगा। इस सलाह को मानकर एडिसन न्यूयॉर्क चले गये। वहाँ जाकर उन्होंने अपनी बनाई हुई मशीन "न्यूयॉर्क टेलीग्राफ एक्सचेंज" के प्रमुख को भेंट की और उन्हें आशा थी कि बदले में उन्हें एक हजार डॉलर का इनाम मिलेगा। लेकिन जब मुखिया ने उसे 40 हजार डॉलर दिए तो उसकी खुशी की सीमा पार हो गई। इसके बाद उन्होंने न्यू जर्सी के मेनलो पार्क में एक प्रयोगशाला ली और अपनी खोजों में तल्लीन हो गये।

लोग अब भी एडिसन को पागल समझते थे। उन्हें लगा कि वह जो करने की बात कर रहा है वह शेख चिल्ली के सपनों का काम है। लेकिन एडिसन अपनी धुन

के पक्के थे और दृढ़ निश्चय के साथ दिन-रात अपने शोध में लगे रहे। उसे खाने-पीने और यहाँ तक कि अपने कपड़ों की भी परवाह नहीं थी, चाहे वे साफ हों या गंदे। वह अपनी सारी कमाई किताबें और प्रयोगशाला के उपकरण खरीदने में खर्च कर देते थे।

उन्होंने न्यू जर्सी में अपनी प्रयोगशाला और कारखाने में 300 कर्मचारियों को रोजगार दिया।

अब उनके आविष्कारों का सिलसिला शुरू हुआ। सबसे पहले 1877 में ग्रामोफोन का निर्माण हुआ। इसमें एक सिलेंडर पर ध्वनि रिकॉर्ड होता था और इसे हाथ से घुमाकर चलाया जाता था, जिसे पंजाबी में 'चाबी देना' कहा जाता है। एडिसन ने ग्रामोफोन पर जो पहला शब्द रिकॉर्ड किया, वह था "मैरी हैड ए लिटिल लैम्ब" और फिर ग्रामोफोन ने वही ध्वनि एडिसन को सुनाई। ये कैसेट, गाने, संगीत, संदेश और आज की सीडी आदि जो प्रचलन में हैं, वे सभी एडिसन की ही देन हैं।

दो साल बाद, एडिसन ने देखा कि एक गोल काँच के बर्तन में जला हुआ फिलामेंट का एक टुकड़ा चालीस घंटे तक चमकता रहा। एडिसन ने इस पर शोध किया और 1879 में प्रकाश बल्ब का आविष्कार किया। यह एडिसन के कारण ही है, जिन्होंने दुनिया भर में रातों को रोशन किया और कारखाने दिन-रात रोशनी में चल रहे हैं।

ऐसा कहा जाता है कि जब एडिसन प्रकाश बल्ब का आविष्कार कर रहे थे, तो उन्हें जानने वाले लोग अक्सर उनसे कहते थे, "आप यूँ ही झख मार रहे हैं।" लेकिन उसे खुद पर भरोसा था और वह नम्रता से यह कहते हुए चला गया, "बस थोड़ा समय और चाहिए।" उन्होंने दिन-रात विभिन्न धातुओं के साथ प्रयोग किए और अंततः सफल हुए। जिस दिन उन्होंने प्रकाश बल्ब का प्रदर्शन किया, एक बड़ी भीड़ जमा हो गई और उन्होंने अपने बेटे से कहा कि वह जाकर अपनी माँ को बुलाए ताकि वह भी यह तमाशा देख सके।

एडिसन खुले तौर पर स्वीकार करते हैं कि उनकी प्रेरणा का मुख्य स्रोत उनकी पत्नी थी। जब एडिसन अपना काम पूरा कर लेते थे, तो वे हर दिन एक-दूसरे के साथ मिलते-बैठते थे। उनकी पत्नी उनकी हर खोज में गहरी दिलचस्पी लेती थी। एडिसन अक्सर देर रात तक काम करते थे और जब भी वह घर आते थे तो उनकी पत्नी उनकी सफलताओं और असफलताओं की कहानियाँ सुनने के लिए उनका इंतजार कर रही होती थी। उनकी पत्नी उनके हर अनुभव से अवगत थी और इन अनुभवों में बहुत रुचि लेती थी। वह अक्सर एडिसन को कई महत्वपूर्ण बिंदुओं पर

सलाह भी देती थीं।

टेलीग्राफ, कार्बन, टेलीफोन, ट्रांसमीटर और टेप रिकॉर्डर छापने का श्रेय एडिसन को ही जाता है। लेकिन आश्चर्य की बात यह है कि एडिसन को भौतिकी, गणित, रसायन विज्ञान और इलेक्ट्रॉनिक्स का व्यक्तिगत ज्ञान नहीं था, जो यह उनकी खोजों के लिए आवश्यक था। फिर भी यह महान वैज्ञानिक जीवन भर मानव जीवन में आराम और खुशी लाने के लिए वैज्ञानिक खोजों के उपहार प्रस्तुत करता रहा।

बिजली के बल्ब के बाद एडिसन ने बिजली के प्रवाह को बनाए रखने के लिए डायनेमो का निर्माण किया। विभिन्न घरों में बिजली पहुँचाने के लिए एक पूरी प्रणाली तैयार की गई और यहाँ तक कि एक केंद्रीय "पावर हाउस" भी बनाया गया। जब यह काम पूरा हुआ तो नये साल का दिन आ गया। एडिसन ने पूरी सड़क को बिजली के बल्बों से सजाया और दुनिया भर से पत्रकार इस महान आविष्कार को देखने आये।

1887 में एडिसन ने एक और प्रयोगशाला खोली। उनकी प्रयोगशालाओं में मानव-सुविधा की खोजें की जा रही थीं। उनमें से सबसे बड़ा था, - "फिल्म कैमरा"। इसी के कारण हम सिनेमाघरों में फिल्में देखते हैं।

इस मूवी प्रोजेक्टर का आविष्कार 1893 में हुआ था। टाइपराइटर की मूल संरचना एडिसन ने ही डिजाइन की थी। यदि यह संरचना न होती तो हम शायद पुस्तकों, लेखकों और पत्रों के संदेशों से बहुत पीछे होते। एडिसन के आविष्कार युगान्तरकारी थे और उन्होंने संचार और वाणिज्य के विश्व मानचित्र को बदल दिया। यह भी माना जाता है कि वह हर दिन एक नई खोज करते थे और उन्होंने हमें 2500 खोजें दीं।

उन्होंने अथक परिश्रम किया और हर दिन 18-19 घंटे काम करना आम बात थी। अब उसे अपने सोने और खाने की कोई परवाह नहीं रही। वह अपनी सफलता का रहस्य बताते हैं:- "मेरी सफलता का रहस्य यह है कि मेरे कार्यस्थल में कोई घड़ी नहीं थी।"

एडिसन का सबसे बड़ा गुण यह था कि वह अत्यंत धैर्यवान और सदा आगे बढ़ने वाला व्यक्ति था। वह अक्सर कहा करते थे, "आप जो हासिल करना चाहते हैं, उसे दृढ़ संकल्प के साथ खोजें और आप उसे पा लेंगे।" वह असफलता से न तो भयभीत हुए और न ही निराश हुए। यह उनकी सकारात्मक सोच और नवीन सोच का ही आलम यह था कि एक बार उनकी प्रयोगशाला और फैक्ट्री में आग लग गई। तमाम शोध दस्तावेजों समेत बीस करोड़ डॉलर का सामान जल गया। अगले दिन,

एडिसन ने कारखाने के कर्मचारियों से कहा, "शाबाश, हमारी गलतियाँ दूर हो गई हैं, हम फिर से शुरुआत करने जा रहे हैं।" ये हादसा एडिसन के धैर्य, दृढ़ता और सकारात्मक सोच का एक प्रमाण है।

इन सभी आविष्कारों और उपलब्धियों को देखते हुए एक बात आश्चर्य की बात है कि वह जीवन भर मूक बने रहे, सुन नहीं सकते थे, फिर भी उन्होंने दुनिया को 2500 आविष्कार दिए। 1915 में उन्हें भौतिकी के लिए नोबेल पुरस्कार मिला।

एडिसन अत्यंत विनम्र स्वभाव के स्वामी थे और अपना कार्य बड़े धैर्य से करते थे। वह अपनी सफलताओं का श्रेय अपनी ‘माँ’ को देते थे।

* मैं असफल नहीं हुआ, लेकिन मैंने 10,000 चीजें सीखीं जो सफलता के लिए आवश्यक नहीं थीं।

* प्रतिभा एक प्रतिशत है और सफलता के लिए 99 प्रतिशत कड़ी मेहनत है।

* जीवन में कई असफलताओं के दौरान लोग भूल जाते हैं कि वे सफलता के कितने करीब थे, लेकिन उन्होंने पहले ही हार मान ली।

* हमारी सबसे बड़ी कमजोरी यह है कि हम हार जाते हैं। सफलता की कुंजी यह है कि हमें दोबारा प्रयास करना चाहिए।

* बहुत से लोग अवसर चूक जाते हैं, क्योंकि वे बंधे होते हैं और यूँ लगता है कि यह एक काम ही तो है।

* यदि हम अपनी क्षमताओं का पूरा लाभ उठाएँ, तो हम यह देखकर आश्चर्यचकित हो जाएँगे कि हम क्या कर सकते हैं।

* ये दुनिया बहुत खूबसूरत है।

* कड़ी मेहनत का कोई विकल्प नहीं है।

* यदि तुम मुझे पूर्णतः संतुष्ट व्यक्ति दिखाओगे, तो मैं तुम्हें असफलता दिखा सकता हूँ।

* किसी भी विचार का मूल्य तभी है, जब आप उसे उपयोग में लाते हैं।

18 अक्टूबर 1931 को अपने जीवन के अंतिम दिन तक हमारा यह महान वैज्ञानिक ऐसे आविष्कार करने में लगा रहा, जिससे न केवल मानवता को फायदा हुआ बल्कि पूरी दुनिया के रिश्ते और सुख-सुविधाएँ भी बदल गईं।

***

7

अलेक्जेंडर ग्राहम बेल

अलेक्जेंडर ग्राहम बेल का जन्म 3 मार्च, 1847 को स्कॉटलैंड के एडिनबर्ग में हुआ था। उनकी तीव्र बुद्धि का अंदाजा इसी बात से लगाया जा सकता है कि उन्होंने 13 साल की उम्र में ही बी.ए. कर ली थी। पास की और 16 वर्ष की उम्र में एक बहुत अच्छे संगीत शिक्षक के रूप में प्रसिद्ध हो गये।

हम जिस समाज में रहते हैं, वहाँ विकलांगता को अभिशाप माना जाता है। अलेक्जेंडर ग्राहम बेल की माँ मुश्किल से सुन पाती थीं और एक प्रकार की गूंगी थी। इसीलिए ग्राहम बेल बहुत उदास और दुखी रहते थे। लेकिन उन्होंने कभी भी अपनी निराशा को अपनी सफलता के आड़े नहीं आने दिया। बल्कि इसके बारे में सकारात्मक सोच कर इस पर कुछ करने का सोचा। यही कारण है कि विज्ञान के आविष्कार के माध्यम से वे एक ऐसा उपकरण-टेलीफोन बनाने में सफल हुए, जो सुनने में अक्षम लोगों के लिए वरदान साबित हुआ, लेकिन जो लोग ठीक से सुन सकते थे, उनकी जिंदगी बदल दी। आज भी फोन पर लाखों-करोड़ों रुपए की लेन-देन होती है और जीवन से जुड़ी बातों पर चर्चा होती है। यह खोज एक युगान्तरकारी खोज थी।

अगर हम कहें कि वैज्ञानिक अलेक्जेंडर ग्राहम बेल ने अपना पूरा जीवन श्रवण बाधित लोगों के जीवन को आसान बनाने के लिए समर्पित कर दिया, तो यह अतिशयोक्ति नहीं होगी। ग्राहम बेल की माँ तो सुनने में अक्षम थी ही, बल्कि उनकी पत्नी और एक खास दोस्त भी गूंगे थे। ग्राहम बेल ने सुनने की इस समस्या को बहुत करीब से देखा और इसलिए वे उन लोगों की समस्या का समाधान ढूँढ़ना चाहते थे, जिन्हें सुनने की समस्या थी।

अलेक्जेंडर ग्राहम बेल की प्रारंभिक शिक्षा अपने भाइयों की तरह घर पर ही उनके पिता द्वारा दी गई। फिर उन्हें रॉयल हाई स्कूल में दाखिल करा दिया गया और 15 साल बाद वे स्कूल से बाहर आ गए। ग्राहम बेल को विज्ञान में बहुत रुचि थी जबकि वे अन्य विषयों पर ज्यादा ध्यान नहीं देते थे।

स्कूल छोड़ने के बाद ग्राहम बेल अपने दादा के पास लंदन चले गए, जहाँ उनका मन पढ़ाई में बहुत लग गया और वे कई घंटे पढ़ाई में बिताते थे। युवावस्था में ग्राहम बेल ने अपनी पढ़ाई पर पूरा ध्यान दिया और अपने साथियों के साथ आत्मविश्वास से बात की। ग्राहम बेल को यह भी लगता था कि उनके साथी उन्हें बहुत पढ़ा-लिखा मानते थे और उनसे सीखना चाहते थे।

16 साल की उम्र में, वह मोरे में व्हिस्टन हाउस अकादमी में संगीत शिक्षक बन गए। वह लैटिन और ग्रीक भी सीख रहे थे। अब ग्राहम बेल एडिनबर्ग यूनिवर्सिटी में पढ़ने लगे और अपने भाई के साथ रहने लगे। 1868 में वह अपने परिवार के साथ कनाडा चले गये।

अलेक्जेंडर ग्राहम बेल को बचपन से ही ध्वनि की दुनिया में रुचि थी और इसीलिए उन्होंने 23 साल की उम्र में एक पियानो-बाजा बनाया जिसकी मधुर ध्वनि दूर-दूर तक सुनी जा सकती थी। वे कुछ समय तक स्पीच टेक्नोलॉजी

के अधिकारी भी रहे। इसी अवधि के दौरान उन्होंने अपने प्रयासों से एक ऐसा उपकरण विकसित किया, जो न केवल संगीत के स्वरों को प्रसारित करने में सफल रहा, बल्कि वैकल्पिक भाषण को भी प्रसारित कर सकता था और यह टेलीफोन का सबसे प्रारंभिक मॉडल था। ग्राहम बेल ने 7 मार्च 1876 को टेलीफोन का आविष्कार किया था। लेकिन वे कभी भी अपने कार्यस्थल पर टेलीफोन नहीं रखते थे, ताकि उनके काम में बाधा न आये।

उन्होंने ऑप्टिकल टेली कम्युनिकेशंस, हाइड्रोफॉइल्स, एयरोनॉटिक्स में भी सफलता हासिल की और वह पूलों से गेहूँ निकालने के आविष्कारक भी थे।

मूक-बधिरों के लिए बोस्टन स्कूल, जो आज भी बधिरों के लिए पब्लिक होरेस मैन स्कूल के नाम से प्रसिद्ध है, जो श्रवण बाधितों के शिक्षकों को प्रशिक्षण प्रदान करता है, वहाँ ग्राहम बेल को अप्रैल 1871 में नौकरी तब मिली, जब स्कूल के प्रिंसिपल ने ग्राहम बेल के पिता को वहाँ शिक्षकों को प्रशिक्षित करने के लिए नौकरी की पेशकश की, लेकिन उनके पिता ने नौकरी से इनकार कर दिया, ताकि उनके प्रतिभाशाली बेटे ग्राहम बेल को यह नौकरी दी जाए। जब ग्राहम को यह काम मिला, तो उन्होंने इसे बहुत अच्छे से निभाया।

छह महीने के बाद वह घर लौट आए और "हार्मोनिक टेलीग्राफ" में काम करना जारी रखा। 1872 में ग्राहम बेल ने अपना स्कूल खोला - (स्कूल ऑफ वोकल फिजियोलॉजी एंड मैकेनिक्स ऑफ स्पीच) यह स्कूल अमेरिका के बोस्टन में खोला गया और इसने काफी सुखियाँ बटोरीं। उनकी पहली कक्षा में 30 छात्र थे। जब ग्राहम बेल एक निजी शिक्षक के रूप में काम करते थे, तो उनके छात्रों में से एक विश्व प्रसिद्ध हेलेन कीलर थीं, जो न तो देख सकती थीं, न बोल सकती थीं और न ही सुन सकती थीं। हेलेन कीलर ने बाद में कहा, "ग्राहम बेल ने अपना पूरा जीवन उस अमानवीय चुप्पी को तोड़ने के काम में समर्पित कर दिया, जो पुरुषों को अलग-थलग कर देती थी।" 1893 में हेलेन कीलर ने ग्राहम बेल के "वोल्टा ब्यूरो" को एक नया मोड़ दिया, कि किस तरह गूंगे-बहरे लोगों को भी ज्ञान दिया जा सकता है।

वह ग्राहम बेल ही थे, जिन्होंने साबित किया कि बहरापन आपको ज्ञान प्राप्त करने से नहीं रोकता है, कि वे होठों को पढ़कर जान सकते हैं कि दूसरा व्यक्ति क्या कह रहा है जिसे अंग्रेजी में ORALISM कहा जाता है। इसमें सांकेतिक भाषा का प्रयोग नहीं होता। यह एक महान पहल थी जिसने कम सुनने वाले या बधिरों को समाज में शामिल होने में सक्षम बनाया।

ग्राहम बेल 1872 में प्रोफेसर के रूप में बोस्टन विश्वविद्यालय में शामिल हुए। वह गर्मियों की छुट्टियाँ अपने कनाडाई घर पर बिताते थे।

अपनी प्रोफेसरी के अलावा, वह निजी तौर पर भी पढ़ा रहे थे और इसलिए उनके पास शोध के साथ प्रयोग करने के लिए कम समय रहने लगा। वह अपने किराये के घर में देर रात तक प्रयोग करते थे और इस बात का ध्यान रखते थे कि उनके प्रयोगों के बारे में किसी को पता न चले और इसलिए वे अपने कागजात छिपाकर रखते थे। इतना काम करने के कारण उनके सिरदर्द रहने लगा। इसीलिए 1873 में उन्होंने निर्णय लिया कि वे अब केवल प्रयोग के आधार पर शोध ही करेंगे। एक टॉप की नौकरी छोड़कर उन्होंने केवल दो छात्रों को पढ़ाने के लिए अपने साथ रखा। एक 6 वर्षीय जॉर्जी, जो जन्म से ही बहरा था और एक 15 वर्षीय मेवेल हबर्ड। जॉर्जी के अमीर पिता ने जॉर्जी की दादी के पास ही रहने की जगह दे दी ताकि वह अपने शोध भी कर सके।

मेवल बहुत खूबसूरत लड़की थी और जहीन भी। वह ग्राहम बेल से 10 साल छोटी थी। जब वह 5 साल की थी, तभी बुखार के कारण उसकी सुनने की क्षमता खत्म होने लगी थी। वह यह जानने के लिए होंठ पढ़ सकती थी कि कोई क्या कह रहा है, लेकिन उसके पिता गार्डिनर हबर्ड चाहते थे कि वह अपने शिक्षक ग्राहम बेल का अनुसरण करे।

1874 में ग्राहम बेल ने "हार्मोनिक टेलीग्राफ" से बड़ी सफलता हासिल की। फिर उन्होंने "फोन ऑटोग्राफ" पर काम किया।

ग्राहम बेल को दो धनी व्यक्तियों, गार्डिनर हबर्ड और थॉमस सॉन्डर्स ने बहुत सहायता की। 1874 में, थॉमस वॉटसन उनका सहायक बन गया, जो एक कुशल विद्युत डिजाइनर और मैकेनिक था। अब दोनों ने ACOUSTIC टेलीग्राफ पर काम करना शुरू कर दिया। 7 मार्च 1876 को अमेरिका ने ग्राहम बिल को टेलीफोन पेटेंट प्रदान किया।

14 जनवरी 1878 को ग्राहम बेल ने वाइट द्वीप पर ओसबोर्न हाउस में टेलीफोन का प्रदर्शन किया, जहाँ महारानी विक्टोरिया बहुत प्रभावित हुईं। अमेरिका में बेल टेलीफोन कंपनी की स्थापना हो गई और 1886 तक अमेरिका में 1,50,000 लोगों के पास टेलीफोन थे। इस आविष्कार को लेकर ग्राहम बेल को 18 साल में 587 बार कोर्ट ले जाया गया, लेकिन कोई भी केस नहीं जीत सका। यह कार्य ईष्र्यावश हुआ था, जबकि उनके प्रयोगशाला नोट्स और पारिवारिक पत्रों ने हर बार ग्राहम बेल को जीत दिलाई। 1880 में "इंटरनेशनल बेल टेलीफोन कंपनी" बनी। 11 जुलाई, 1877 को ग्राहम बेल ने मेवेल हबर्ड से शादी की। उन्होंने अपनी

कंपनी के 1497 शेयरों में से 1487 शेयर अपनी पत्नी को शादी के तोहफे के रूप में दिए। इसके बाद वह एक साल के लिए हनीमून के लिए यूरोप चले गए। पहले तो उन्हें फोन की खोज से उतने पैसे नहीं मिलते थे, जितने अपने व्याख्यानों से मिलते थे। उनके उनके चार बच्चे थे, जिनमें से दो की बाल्यकाल में ही मृत्यु हो गई।

बेल 1882 तक ब्रिटिश नागरिक रहे और 1915 में अमेरिकी नागरिक बन गये। अमेरिका, कनाडा और ब्रिटेन को उन पर सदैव गर्व था कि वह हमारा बेटा है।

उन्हें नौकायन और समुद्र में घूमने का शौक था। 6 दिसंबर 1917 को जब हैलिफैक्स अमेरिका में विस्फोट हुआ तो दोनों महिलाओं और पुरुषों ने मिलकर लोगों को इकट्ठा किया और हैलिफैक्स में लोगों की मदद की।

ग्राहम बेल ने 18 आविष्कार स्वयं और 12 आविष्कार दूसरों के साथ मिलकर किए, 14 आविष्कार टेलीफोन से संबंधित और 4 फोटोफोन से संबंधित थे। 5 आविष्कार हवाई वाहनों, चार पनबिजली हवाई जहाजों और 2 सेलेनियम सेल के साथ। धातु का जैकेट जो साँस लेने में मदद करता है, सुनने की समस्याओं के लिए इस्तेमाल किया जाने वाला ऑडियो मीटर, आइसबर्ग का पता लगाने वाली मशीन, नमक से पानी को कैसे अलग किया जाए और डिस्क, फ्लॉपी, डिस्क ड्राइव और अन्य मैग्नेटिक मीडिया के बारे में भी काम शुरू किया, लेकिन इसका विस्तार नहीं किया। उन्होंने अपने घर को वातानुकूलित बनवाया था, जो कि बहुत ही शुरुआती किस्म का था। उन्हें यह भी आशंका थी कि इससे ईंधन की कमी होगी और अत्यधिक प्रदूषण होगा। उन्होंने कहा कि फैक्ट्रियों और फार्मा के कचरे से मीथेन गैस का उत्पादन किया जा सकता है। उन्होंने यह देखने के लिए कंपोस्टिंग शौचालयों का भी प्रयोग किया कि वैक्यूम से पानी कैसे निकाला जा सकता है। उन्होंने अपनी मृत्यु से कुछ समय पहले एक इंटरव्यू में कहा था कि कैसे सोलर पैनल से बिजली लेकर घरों को गर्म किया जा सकता है।

ग्राहम बेल और चार्ल्स समर टेंटर ने मिलकर फोटोफोन का आविष्कार किया, जो उनका सबसे बड़ा आविष्कार था, जिसे मोबाइल कहा जाता है। वह कहते थे कि फोटोफोन उनका सबसे बड़ा आविष्कार था, यह टेलीफोन से भी अधिक महत्वपूर्ण था। इसी फोटोफोन का उपयोग 1980 से फाइबर-ऑप्टिक संचार के रूप में किया जा रहा है। इसका मास्टर पेटेंट 1880 में हुआ था लेकिन यह 100 साल बाद लोकप्रिय हुआ और आज हर कोई मोबाइल फोन या सेल फोन रखता है।

जब 1881 में अमेरिकी राष्ट्रपति जेम्स गारफील्ड को गोली मार दी गई थी, तो उनके शरीर में गोली का पता लगाने के लिए मेटल डिटेक्टर का इस्तेमाल किया

गया था।

हाइड्रो फाइल्स 1908 में, बेल ने एक प्रकार का विमान विकसित किया जिसे हाइड्रोप्लेन कहा जाता है और कभी-कभी इसे हाइड्रोफाइल बोट भी कहा जाता है। इससे इन्हें पानी की सतह से ऊपर उठाया जा सकता है इसकी गति 54 मील प्रति घंटा तक हो सकती है। 9 सितंबर 1919 को इस नाव की गति 70.86 मील प्रति घंटा तक पहुँच गई।

वैमानिकी (Aeronautics):- 1891 मोटर चालित अंतरिक्ष यान से हवा से भारी विमान के साथ प्रयोग शुरू किया। उस समय बेल की उम्र 60 साल थी। उस समय वह अपने साथ अमेरिकी ग्लेन कर्टिस को ले गए, जिन्होंने अपनी मोटरसाइकिल बनाई और उन्हें "दुनिया का सबसे तेज आदमी" कहा गया। इसने एक किलोमीटर की उड़ान भरने वाला पहला हवाई जहाज भी बनाया। 23 फरवरी, 1909 को बेल ने कनाडा में जमी हुई बर्फ के ऊपर सिल्वर डार्ट नामक हवाई जहाज का प्रदर्शन किया।

आनुवंशिकता और जेनेटिक्स:- 1859 में चार्ल्स डार्विन की खोज की किताब ने हर जगह तहलका मचा दिया। उस समय ग्राहम बेल ने मेढ़ों पर प्रयोग करना शुरू किया। 30 साल की कड़ी मेहनत के बाद ग्राहम बेल ने एक ऐसी भेड़ तैयार की जिसके कई थन थे। वह यह पता लगाने की कोशिश कर रहा था कि यदि भेड़ के दो जुड़वाँ बच्चे हों तो क्या उनके चार थन होंगे जो उन्हें अपना पेट भरने के लिए पर्याप्त दूध देंगे। इसी खोज ने वैज्ञानिकों को इंसानों पर शोध करने के लिए प्रोत्साहित किया। नवंबर 1883 में, ग्राहम बेल ने नेशनल एकेडमी ऑफ साइंसेज को एक उत्तेजक पेपर में संबोधित किया:- "मानव जाति की बधिर विविधता के गठन पर" जिसमें माता-पिता से विरासत में मिले बहरेपन के जीन पर चर्चा की गई थी। उन्होंने साबित किया कि बधिर माता-पिता के जीन उनके बच्चों को प्रभावित कर सकते हैं। उन्होंने बधिर या कम सुनने वाले बच्चों को अलग कक्षाओं में पढ़ाने के लिए शिक्षा विभाग की भी आलोचना की। उन्होंने इस बात पर जोर दिया कि यह वैसा ही है जैसे हम यह नहीं कह सकते कि कौन किससे शादी कर सकता है और प्राकृतिक चयन कोई बाधा नहीं होनी चाहिए। इसीलिए बधिर बच्चों के विवाह पर कोई कानूनी प्रतिबंध या उत्पीड़न नहीं होना चाहिए। बेल किसी भी कानूनी हस्तक्षेप के खिलाफ थे। वह बधिर लोगों को मताधिकार से वंचित करने के सख्त खिलाफ थे। 1921 में उन्होंने माता-पिता द्वारा आए जीन्स वाले एक सम्मेलन की अध्यक्षता की।

यह भी माना जाता है कि ग्राहम बेल ने मृत व्यक्तियों के कानों के अंदर की संरचनाओं का अवलोकन किया था कि कैसे ध्वनि कान के पर्दे से होकर ललाट की झिल्ली से टकराती है और फिर ध्वनि मस्तिष्क तक एक संदेश पहुँचाती है, जिसका अर्थ है कि हम सुनते हैं, ग्राहम बेल ने कान के अंदरूनी हिस्से का बारीकी से अवलोकन किया और इससे उन्हें टेलीफोन का आविष्कार करने में मदद मिली।

डेसीबल जो ध्वनि मापने का पैमाना है, इस महान वैज्ञानिक के नाम के साथ जुड़ा हुआ है यानी डीबीए।

ग्राहम बेल के अनमोल वचन निम्नलिखित हैं:-

* वैज्ञानिक अनुसंधान में असफल प्रयोग जैसी कोई चीज नहीं होती। हर अनुभव कुछ न कुछ सिखाता है। यदि हम वांछित परिणाम प्राप्त नहीं कर पाते और रुक जाते हैं, तो यह मानवीय विफलता है, प्रयोग की नहीं।

* मुझे लगता है, हम सभी आँखें बंद करके जीवन की राह पर चलने के आदी हैं। हमें हमेशा उन्हीं रास्तों पर नहीं चलना चाहिए, जिन पर दूसरे चले हैं। कभी-कभी जंगल में चले जाना चाहिए। लेकिन आपको निश्चित रूप से कुछ ऐसा मिलेगा जो आपने पहले कभी नहीं देखा होगा। उसका अनुसरण करें, उसके परिवेश का निरीक्षण करें। एक खोज दूसरी खोज को जन्म देगी। आपके पास चिंतन के लायक कुछ होगा और आपको पता भी नहीं चलेगा और यह आपके दिमाग पर हावी हो जाएगा, क्योंकि सभी खोजें ऐसे ही चिंतन का परिणाम हैं।

* एक आविष्कारक वह व्यक्ति होता है जो दुनिया को सूक्ष्म दृष्टि से देखता है, उसका परीक्षण करता है और चीजों को जिस रूप में देखता है, जो कुछ भी देखता है उससे संतुष्ट नहीं होता है। वह उसमें वृद्धि करना चाहता है, वह संसार का कल्याण करना चाहता है। जब यह किसी विचार के साथ किया जाता है तो उस पर खोज करने की इच्छा प्रबल हो जाती है, जिसे साकार करना चाहता है।

* मैं मृत्यु, अमरता, आस्था और धर्म के कई अन्य बिंदुओं के बारे में ज्यादा नहीं जानता और मैं उन पर अपनी आस्था नहीं रखता।

* स्व-शिक्षा एक आजीवन प्रक्रिया है। उस व्यक्ति के मन में कोई सूखा नहीं हो सकता, जो सदैव सत्य की परीक्षा करता है। जो देखता है, याद रखता है और चीजों के क्यों और क्या का उत्तर ढूँढ़ता है।

* यह भी याद रखने योग्य है कि अलेक्जेंडर ग्राहम बेल को 1883 में नेशनल एसोसिएशन ऑफ साइंटिस्ट्स का सदस्य बनाया गया था।

* 1902 में उन्हें अल्बर्ट मेडल "अल्बर्ट मेडल" से सम्मानित किया गया।

* 1907 में जॉन फ्रिट्ज मेडल से सम्मानित किया गया।

* और 1912 में इलियट क्रेसन मेडल से सम्मानित किया गया। जब तक यह दुनिया रहेगी, अलेक्जेंडर ग्राहम बेल का नाम जीवित रहेगा। महान व्यक्ति एवं महान वैज्ञानिक अलेक्जेंडर ग्राहम बेल 2 अगस्त 1922 को नोवा स्कोटिया, कनाडा में मधुमेह से पीड़ित होकर हमें हमेशा के लिए छोड़ कर चले गये।

***

8
गुग्लिएनो मार्कोनी

जिस प्रकार नई पीढ़ी तेल के दीयों और मिट्टी के दीयों को देखकर आश्चर्यचकित होती है, उसी प्रकार भावी पीढ़ियाँ भी हमारे वर्तमान साधनों के बारे में सुनकर हम पर तरस करेंगी। विज्ञान की प्रगति में पश्चिमी देशों का इंजन हमें आगे ले जा रहा है। हम भारतीय तो बाबाओं, संतों के दलदल से बाहर नहीं निकल पा रहे हैं और उन शक्तियों की तलाश में दिन-रात बर्बाद कर रहे हैं, जिनका वैज्ञानिकों को आज तक अस्तित्व भी नहीं मिला है।

विद्युतीय चुंबकीय तरंगों या बिजली का आविष्कार 1833 में ब्रिटिश वैज्ञानिक फैराडे ने किया। उसके बाद दिन-प्रतिदिन प्रगति और विस्तार होता गया और अब तो पिछड़े देशों में भी तांबे के तार और लोहे के खंभे गाँव-गाँव तक बिजली पहुँचा रहे हैं और ट्यूबवेल दिन-रात चलकर पा नी की धाराओं के माध्यम से अनाज का भंडार पैदा कर रहे हैं।

12 दिसंबर 1901 को एक नए युग की स्थापना हुई, जब "वायरलेस" विद्युत-तरंगों के माध्यम से संदेश इंग्लैंड से अमेरिका भेजे जाने लगे। अब यह खोज इतनी तरक्की कर चुकी है कि आप अपने किसी मित्र या रिश्तेदार से दुनियाभर के किसी भी हिस्से से बात कर सकते हो। अब तो मोबाइल फोन के माध्यम से हम वीडियो कॉल के माध्यम से चेहरा भी देख सकते हैं।

इस नये युग के पैगम्बर-वैज्ञानिक मार्कोनी थे। मार्कोनी का जन्म 25 अप्रैल, 1874 को बेलोना, इटली में हुआ था। उनके पिता इटालियन थे और उनकी माँ आयरिश थी। उनके पिता एक बहुत अमीर आदमी थे और इसलिए मार्कोनी का पालन-पोषण और शिक्षा बहुत अच्छी तरह से हुई थी। उन्होंने किसी स्कूल या कॉलेज में प्रवेश नहीं लिया, बल्कि अपनी सारी शिक्षा घर पर ही शिक्षकों से प्राप्त की। हर बच्चे में कुछ स्वाभाविक प्रवृति होती है। किसी को हाथ से काम करना पसंद है, किसी को दिमाग से, किसी को राग विद्या में मंत्रमुग्ध होना अच्छा लगता है और मूर्तियाँ बनाना या लेखक बनना अच्छा लगता है।

एक धनी पिता का बेटा, जो संपन्नता में पल- बढ़कर बड़ा हुआ, फिर भी मार्कोनी धन इकट्ठा करने की ओर आकर्षित नहीं था और न ही भोग-विलास में पड़ा था।

1894 में, जब मार्कोनी किशोर थे, तब वह आल्प्स की ग्रीष्मकालीन पदयात्रा पर गये। तभी उनके हाथ एक विज्ञान-पत्रिका लग गयी। उस पत्रिका को पढ़कर वह गहरे विचारों में खो गया। वे स्वयं लिखते हैं, "मुझे बहुत मजा आया और मुझे ऐसा लगा कि मैं जर्नल में वर्णित इन विद्युत तरंगों का उपयोग दुनिया की भलाई के लिए करूँगा।"

तार के खंभों से बिजली तब तक यूरोप में आम थी। एक अंग्रेज गणितज्ञ क्लार्क मैक्सवेल ने 1864 में गणना करके बताया कि ऐसी विद्युत-चुंबकीय तरंगें भी हो सकती हैं, जिन्हें एक स्थान से दूसरे स्थान तक ले जाने के लिए तारों की आवश्यकता नहीं होती है। लेकिन उस समय वैज्ञानिकों ने उनकी बात नहीं मानी।

जर्मनी के एक बेहद प्रतिभाशाली वैज्ञानिक हट्र्ज (Hertz) ने इन वायरलेस तरंगों पर काम किया और 1887 से 1889 तक कई शोध-पत्र प्रकाशित किए।

हट्र्ज की खोजों ने मैक्सवेल के सपनों की पुष्टि की, जिससे दुनिया भर के वैज्ञानिकों में हलचल मच गई। इंग्लैंड में सर आलेवर लॉज, रूस में पापाफ और इटली में अरस्तू रिघी ने हट्र्जियन तरंगों पर शोध शुरू किया।

मार्कोनी को बचपन से ही भौतिकी में रुचि थी, इसलिए उनका पहला संपर्क भौतिकी के प्रोफेसर रॉसा से हुआ और उनके माध्यम से प्रोफेसर रिघी के साथ मधुर संबंध बने। इस सहयोग के माध्यम से उन्हें हट्र्ज के काम की अच्छी समझ थी और वे उत्साहपूर्वक यह समझने की कोशिश कर रहे थे कि लॉज, पापाफ और रिघी क्या कर रहे थे। जब उन्हें इसके बारे में पता चला, तब वह 15 साल के थे। 20 साल की उम्र में उनकी इच्छा जाग उठी और वह दिन-रात इन्हीं विचारों में डूबे रहे। एक साल के भीतर उन्होंने एक ऐसा उपकरण बनाया, जिसके जरिए वह घर के एक हिस्से से दूसरे हिस्से तक सिग्नल भेजने में कामयाब रहे।

मार्कोनी ने अब के शोध वैज्ञानिकों, लॉज, पापाफ और रिघी के प्रकाशित शोध-पत्रों को पढ़ने और उन्हें उपयोग में लाने का कार्य किया।

1896 में वे इंग्लैंड गए और सर विलियम पीयर्स, जो डाकघर विभाग के मुख्य अभियंता थे, से बात की और सबसे पहले जर्नल पोस्ट ऑफिस से सिग्नल भेजने का प्रदर्शन किया। डाकघर और अन्य सरकारी अधिकारियों ने यह सब देखा। इसके बाद सैलिसबरी मैदान पर सेना और नौसेना के अधिकारियों को यह प्रदर्शन दिखाया गया।

1897 में ब्रिस्टल चैनल के पार 10 मील की दूरी तक सिग्नल भेजे गए। इस नये आविष्कार की इंग्लैंड में खूब चर्चा हुई। लार्ड केलवन जैसे शीर्ष वैज्ञानिक भी इस पर मोहित थे। 1898 में लॉर्ड केलवन ने सर विलियम पीयर्स और जॉर्ज स्टोक्स को मार्कोनिग्राम यानी वायरलेस बिजली से 18 मील की दूरी तक संदेश भेजे।

इंग्लैण्ड चारों ओर से समुद्र से घिरा हुआ है, अत: इसका सारा परिवहन समुद्र के द्वारा ही होता था। नौसेना को आविष्कार में विशेष रुचि हो गई, और महारानी एलिजाबेथ ने मार्कोनी को बुलाया और अनुरोध किया कि वह वाइट द्वीप पर स्थित ओसबोर्न हाउस को ओसबोर्न जहाज से जोड़ दें। इसमें उन्हें सफलता भी मिली और यह पूरे यूरोप में लोकप्रिय हो गया।

इटली के लोग अपने प्रतिभाशाली बेटे की उपलब्धियों की खबर सुनकर बहुत गौरवान्वित हुए और राजा और रानी ने एक उच्च संदेश भेजकर उनसे और संसद सदस्यों से यह करिश्मा दिखाने के लिए कहा। तभी मार्कोनी की लोकप्रियता आसमान को छूने लगी। इस आविष्कार का व्यावसायिक उपयोग

करने के लिए तुरंत एक कंपनी बनाई गई, जिसका नाम पहले "वायरलेस टेलीग्राफ एंड सिग्नल कंपनी" रखा गया और तीन साल बाद नाम बदलकर "मार्कोनिस वायरलेस टेलीग्राफ कंपनी" कर दिया गया।

1899 में, जब मार्कोनी ने फ्रांस और इंग्लैंड को वायरलेस द्वारा जोड़ा, तो सिग्नल ब्रिटिश चैनल में प्रसारित होने लगे। 1900 में न्यूयॉर्क हेराल्ड अखबार ने मार्कोनी को निमंत्रण भेजा कि अब यूरोप और अमेरिका से जुड़ें। मार्कोनी दिन-रात इसी काम में लगे रहते थे। उन्होंने कॉर्नवाल (इंग्लैंड) के पालडू इलाके में अपना सिग्नल स्टेशन स्थापित किया। विशाल ऊँचे लोहे के टावर, जो अब रेडियो स्टेशनों के लिए बनाए गए हैं, सबसे पहले पालडू में बनाए गए थे। इसी स्थान से मार्कोनी ने अमेरिका को सिग्नल भेजना शुरू किया। इन सिग्नलों को प्राप्त करने के लिए न्यू फाउंडलैंड (अमेरिका) में एक स्टेशन बनाया गया था।

नए आविष्कार करना बहुत जोखिम भरा काम है। अँधेरी कोठरी में दीवारों में ढूँढ़ते हुए सीढ़ियाँ चढ़नी पड़ती हैं। आज हम लॉन्ग वेव, शॉर्ट वेव, मीडियम वेव को समझते हैं, लेकिन ये सभी बारीकियाँ दुनिया को मार्कोनी की देन हैं।

12 दिसंबर, 1901 को न्यू फाउंडलैंड में पालडू से संदेश प्राप्त हुए। इस सफलता ने मार्कोनी को बहुत प्रसिद्धि दिलाई। उस समय वे केवल 27 वर्ष के थे, लेकिन सर आलेवर लॉज और अन्य महान वैज्ञानिक उनके सामने नतमस्तक हो गए। तभी उन्होंने लॉन्ग वेव और शॉर्ट वेव का इस्तेमाल करना शुरू किया और अच्छे एरियल भी बनाए।

19 जनवरी 1903 को इंग्लैंड के राजा एडवर्ड सप्तम और अमेरिका के राष्ट्रपति थियोडोर रूजवेल्ट ने एक-दूसरे को संदेश भेजा। इसके बाद ही मार्कोनी के आविष्कारों का उपयोग समाचार-पत्रों और वाणिज्य के लिए किया जाने लगा। इसके अलावा जहाजों पर भी सैट स्थापित किए जाने लगे और जब भी कोई जहाज संकट में होता था, तो दुनिया को संदेश (एस.ओ.एस.) देने का सिलसिला शुरू हुआ। 1903 से व्यापारिक समाचार प्रारम्भ हुआ तथा 1909 से जहाजों का संचालन प्रारम्भ हुआ।

आयरलैंड के न्यूक्लिफटन शहर में एक प्रसारण स्टेशन (ब्रॉडकास्टिंग स्टेशन) यानी रेडियो स्टेशन बनाया गया था। 1910 में मार्कोनी को दक्षिण अमेरिकी शहर ब्यूनस आयर्स के क्लिफ्टन से संदेश प्राप्त हुए। इसके बाद मार्कोनी ने अपने उपकरणों में सुधार करना शुरू किया और दिन-ब-दिन कई नए सुधार किए।

1914 में जब युद्ध छिड़ गया तो मार्कोनी को और भी कई समस्याओं का सामना करना पड़ा। वह सेना और नौसेना दोनों में भर्ती हुए और मार्कोनी को उस मिशन का सदस्य बनाया गया जो इटली ने अमेरिका भेजा था।

1919 में युद्ध की समाप्ति पर सुलह सम्मेलन फ्रांस में आयोजित किया गया था। मार्कोनी को इटली के राजा का प्रमुख प्रतिनिधि बनाया गया।

विज्ञान की खोज का प्रेम सांसारिक चिंताओं के अधीन नहीं होता है। अब मार्कोनी का लक्ष्य वायरलेस का आविष्कार था। युद्ध के दिनों में भी उन्होंने अपना परिश्रम जारी रखा।

1916 में, उन्होंने छोटी तरंगों पर शोध करना शुरू किया और सुनिश्चित किया कि छोटी तरंगें लंबी दूरी के लिए उपयुक्त है। 1918 में वह इटली से ऑस्ट्रेलिया तक एक संदेश भेजने में कामयाब रहे।

1919 में उनकी कंपनी ने दुनिया का पहला प्रसारण स्टेशन इंग्लैंड के चेम्सफोर्ड में स्थापित किया।

1923 में, मार्कोनी ने अपने जहाज एलेट्रा में इंग्लैंड से वेस्ट इंडीज की यात्रा की, और पूरे रास्ते पालडू के द्वारा संदेश सुने और भेजे।

1933 में मार्कोनी ने अल्ट्रा शॉर्ट वेव्स या माइक्रो वेव्स पर प्रयोग शुरू किए और साबित कर दिया कि दुनिया के बीच संदेश भेजने का भविष्य इन्हीं में है। 1934 में, उन्होंने अपने जहाज एलेट्रा के चारों ओर पर्दा लगा करके केवल वायरलेस संदेशों का उपयोग करके बंदरगाह में खड़े जहाजों के बीच से गुजरते हुए को सुरक्षित रूप अपने स्थान पर पहुँचाया।

मार्कोनी 40 वर्षों तक अपनी खोजों में तल्लीन रहे और दुनिया को एक नये युग में ले गये।

वैज्ञानिकों को नोबेल पुरस्कार को प्राप्त करने की इच्छा रहती है। उन्हें 1909 में नोबेल पुरस्कार मिला। उसी वर्ष उन्हें इटली की सीनेट का सदस्य बनाया गया। 1929 में उन्हें इटली के राजा द्वारा मार्चेक्स की उपाधि दी गई।

मार्कोनी के जीवन के और भी पहलू हैं, जिन्हें उनके संपूर्ण व्यक्तित्व के बारे में जानने के लिए जानना जरूरी है।

मार्कोनी के पिता एक शाही जमींदार थे। मार्कोनी के पिता की सरकार-कोर्ट तक भी पहुँच थी। मार्कोनी की माँ का नाम एनी जेमिसन था और वह जॉन जेमिसन की पोती थीं। यह जॉन जेमसन ही थे जिन्होंने जेमसन व्हिस्की की स्थापना की और डिस्टिलरी का नाम जेमसन एंड संस रखा।

मार्कोनी का एक भाई अल्फोंसो और एक ममेरा भाई लुइगी था। दो से छह साल की उम्र के बीच, मार्कोनी और अल्फोंसो अपनी माँ के साथ इंग्लैंड के बेडफोर्ड में रहते थे।

18 साल की उम्र में, जब वह बोलोग्ना विश्वविद्यालय में भौतिकी के प्रोफेसर ऑगस्टो रिघी के संपर्क में आए, तो उन्होंने मार्कोनी को विश्वविद्यालय में व्याख्यान में भाग लेने की अनुमति दी, साथ ही विश्वविद्यालय के पुस्तकालय और प्रयोगशाला तक पहुँच की भी अनुमति दी।

जब मार्कोनी ने पिएत्रो लाकावा की सलाह पर अपनी खोजों के लिए धन अनुदान के लिए इतालवी डाक और टेलीग्राफ मंत्रालय में आवेदन किया, तो उन्हें कोई जवाब नहीं मिला। मंत्री ने अर्जी खारिज करते हुए अर्जी पर लिखा, ''इसे रोम के पागलखाने में भेज दो।''

1896 में उन्होंने अमेरिकी राजदूत और पारिवारिक मित्र कार्लो गार्नडिनी से बात की कि वह ब्रिटेन जाना चाहते हैं। कार्लो गार्डिनी ने लंदन में इटली के राजदूत एनीबल फेरेरो को एक साधारण पत्र लिखा और मार्कोनी की खोजों का भी उल्लेख किया। फरेरो ने मार्कोनी को प्रोत्साहित किया और कहा कि वह ब्रिटेन आएँ और अपनी खोजों के बारे में किसी को न बताएँ। इन आविष्कारों का पेटेंट भी कराया जाना चाहिए।

उनकी खोजों को इटली में सराहना नहीं मिली और यही कारण था कि वह 21 साल की उम्र में 1896 में लंदन चले गए। अपनी मातृभाषा इतालवी के अलावा वे अंग्रेजी भी पानी की तरह बोलते थे। जब मार्कोनी अपने सामान के साथ डोवर पहुँचे, तो सीमा शुल्क अधिकारी ने तुरंत लंदन में एडमिरल्टी से संपर्क किया। जनरल पोस्ट ऑफिस के मुख्य अभियंता विलियम परीस बहुत मददगार थे और उनके काम में रुचि रखते थे। मार्कोनी ने 2 जून 1896 को 12039 नंबर के तहत अपने आविष्कार का पेटेंट कराया।

मार्कोनी की खोज और उसके फायदों की चर्चा तब जोर-शोर से होने लगी, जब 15 अप्रैल 1912 को आरएमएस टाइटैनिक जहाज और आरएमएस लुसिटानिया 7 मई 1915 डूब गए।

आरएमएस टाइटैनिक के रेडियो ऑपरेटर, जैक फिलिप्स और हेरोल्ड ब्रोइड, मार्कोनी इंटरनेशनल मरीन कम्युनिकेशंस कंपनी के लिए काम करते थे। रेडियो ऑपरेटर हेरोल्ड ब्रॉयड बच गए और मार्कोनी न्यूयॉर्क टाइम्स अखबार के रिपोर्टर के साथ हेरोल्ड ब्रॉयड से बात करने गए। इस प्रकार उनकी खोजों की प्रसिद्धि बहुत फैल गई। 18 जून 1912 को टाइटैनिक के डूबने के संबंध में मार्कोनी ने

अदालत में गवाही दी। अंग्रेजों के पोस्टमास्टर जनरल ने संक्षेप में कहा:- जो लोग टाइटैनिक के डूबने से बच गए। वे केवल एक व्यक्ति और उस व्यक्ति के कारण जीवित रहे -- मार्कोनी और उनकी खोजें।

ऐसा भी कहा जाता है कि टाइटैनिक के डूबने से पहले मार्कोनी को इस यात्रा पर मुफ्त में जाने के लिए आमंत्रित किया गया था। लेकिन टाइटैनिक के रवाना होने से तीन दिन पहले वह लुसिटानिया पर रवाना हो गए। बाद में मार्कोनी की बेटी डेगना ने कहा कि मार्कोनी कुछ कागजात देखना चाहते थे और उन्होंने टाइटैनिक पर एक सार्वजनिक स्टेनोग्राफर भेजा था।

लोगों के मनोरंजन के लिए 1920 में ब्रिटिश शहर चेम्सफोर्ड में द न्यू स्ट्रीट वर्क्स फैक्ट्री में रेडियो की शुरुआत की गई थी। सार्वजनिक रेडियो की शुरुआत 1922 में ग्रेट बैडो में मार्कोनी रिसर्च सेंटर में एक मनोरंजन स्टेशन के रूप में हुई।

मार्कोनी का नकारात्मक पक्ष यह है कि वे 1923 में इटालियन फासिस्ट पार्टी में शामिल हो गये। 1930 में इतालवी तानाशाह बेनिटो मुसोलिनी ने मार्कोनी को रॉयल अकादमी, इटली का अध्यक्ष बनाया गया। अब मार्कोनी फासिस्ट ग्रैंड काउंसिल के भी सदस्य बन गये।

1943 में, मार्कोनी की नाव को एक युद्धपोत में बदल दिया गया था और एलेट्रा नाम की इस नाव का उपयोग जर्मन नौसेना द्वारा युद्ध में किया गया था, लेकिन द्वितीय विश्व युद्ध के दौरान 22 जनवरी 1944 को ब्रिटिश रॉयल एयर फोर्स RAF द्वारा इसे डुबो दिया गया था। युद्ध के बाद, इतालवी सरकार ने नाव को हटाने और उसके टूटे हुए पतवार की मरम्मत करने पर विचार किया। लेकिन बाद में उनके कटे हुए अंगों को एक इटालियन संग्रहालय को दान करने का निर्णय लिया गया।

16 मार्च, 1905 को मार्कोनी ने बीट्राइस ओ'ब्रायन से शादी की। फ्लोरेंस, ब्राउन सी आइलैंड की मालकिन थी। फ्लोरेंस की बेटी मार्गेरिटा, बीट्राइस की सहेली थी। इसलिए मार्कोनी ने अपना हनीमून ब्राउन सी द्वीप पर बिताया। मार्कोनी की तीन बेटियाँ थीं:- डेगना (1908-1998) गिओइआ (1916-1996) और लूसिया की 1906 में जन्म के बाद मृत्यु हो गई और एक बेटा मर्चिस मार्कोनी (1910-1971) 1913 में मार्कोनी परिवार इटली चला गया और रोम के समाज का हिस्सा बन गया। मार्कोनी की पत्नी बीट्राइस रानी एलेना की लेडी-इन-वेटिंग बन गई। मार्कोनी का तलाक 27 अप्रैल 1927 को स्थायी हो गया, जबकि 12 फरवरी 1924 को मार्कोनी और बीट्राइस ने फ्री सिटी ऑफ फ्यूम (रिजेका) में तलाक ले लिया था।

12 जून, 1927 को मार्कोनी ने मारिया क्रिस्टीना बेजी-स्कैली से शादी की। वह 2 अप्रैल 1900 को जन्मी थी और उसकी मृत्यु 15 जुलाई 1944 को हुई थी। इस विवाह के माध्यम से, मार्कोनी स्थायी रूप से कैथोलिक ईसाई धर्म में परिवर्तित हो गए। जबकि उनका जन्म एक एंग्लिकन चर्च परिवार में हुआ था। उनकी शादी का धार्मिक समारोह 15 जून को हुआ था। तब मार्कोनी 53 वर्ष के थे और मारिया क्रिस्टीना 26 वर्ष की थीं। इस विवाह से 1930 में एक बेटी मारिया एलेट्रा एलेना अन्ना का जन्म हुआ। जिन्होंने 1966 में प्रिंस कार्लो जियोवेनेली (1942-2016) से शादी की, लेकिन बाद में तलाक हो गया। मार्कोनी ने अपनी सारी संपत्ति अपनी दूसरी पत्नी और बेटी को क्यों दे दी और अपनी पहली पत्नी और बच्चों के लिए कुछ भी नहीं छोड़ा, इसके कारण अभी भी अज्ञात हैं।

अपने जीवन के अंतिम वर्षों में वह कट्टर फासीवादी थे। उन्होंने इथियोपिया पर इटली के आक्रमण को उचित ठहराया। अपने भाषण में उन्होंने कहा:-

I RECLAIM THE HONOUR OF BEING THE FIRST FASCIST IN THE FIELD OF RADIOTELEGRAPHY, THE FIRST WHO ACKNOWLEDGED THE UTILITY OF JOINING THE ELECTRIC RAYS IN A BUNDLE, AS MUSSOLINI WAS THE FISRT IN THE POLITICAL FIELD WHO ACKNOWLEDGED THE NECESSITY OF MERGING ALL THE HEALTHY ENERGIES OF THE COUNTRY INTO A BUNDLE, FOR THE GREATER GREATNESS OF ITALY.

मैं इसका अनुवाद इस प्रकार कर सकता हूँ:-

मुझे रेडियोटेलीग्राफी के क्षेत्र में पहला फासीवादी होने पर गर्व है। जिसने विद्युत तरंगों को एक साथ जोड़ा। यह उसी प्रकार है, जैसे राजनीति के क्षेत्र में मुसोलिनी ने देश की सभी स्वस्थ शक्तियों को एकत्रित किया, ताकि इटली की महानता को बढ़ाया जा सके।

1931 में, मार्कोनी ने व्यक्तिगत रूप से रेडियो के जरिए पोप के संदेशों

को जनता के बीच प्रसारित करते हुए कहा:- "WITH THE HELP OF GOD, WHO PLACES SO MANY MYSTRERIOUS FORCES OF NATURE AT MAN'S DISPOSAL, I HAVE BEEN ABLE TO PREPARE THIS INSTRUMENT WHICH WILL GIVE TO THE FAITHFUL OF THE ENTIRE WORLD THE JOY OF LISTENING TO THE VOICE OF THE HOLY FATHER"

इसका अनुवाद इस प्रकार किया जा सकता है:-

भगवान की मदद से, जो मनुष्य को प्रकृति की कई चमत्कारी शक्तियों से संपन्न करता है, मैं इस उपकरण को तैयार करने में सक्षम हुआ हूँ, जो दुनिया के वफादारों को पवित्र पिता की आवाज सुनने की खुशी देगा।

1935 में, जब वे अभी भी टेलीविजन का सपना देख रहे थे, उनका स्वास्थ्य दिन-ब-दिन खराब होता गया। जब मार्कोनी माइक्रोवेव तकनीक पर शोध कर रहे थे, तब उन्हें नौवाँ दिल का दौरा पड़ा, जिसने उन्हें 20 जुलाई 1937 को हमसे छीन लिया।

63 साल की उम्र गुजारकर वे दुनिया में एक नये युग की शुरुआत कर गये।

अपनी मृत्यु से पहले तीन वर्षों में, उन्हें आठ बार दिल का दौरा पड़ा था। उनकी मृत्यु के बाद इटली में उनका राजकीय अंतिम संस्कार किया गया। जहाँ वे रहते थे, वहाँ दुकानदारों ने अपनी दुकानें बंद कर दीं और शाम 6 बजे सभी रेडियो ने दुनिया भर में दो मिनट का मौन रखा। ब्रिटिश डाकघर ने भी सभी विमानों को भेजे गए संदेशों के लिए दो मिनट का रेडियो मौन रखा। उसकी अस्थियाँ सासो मार्कोनी, एमिलिया रोमाग्ना के मैदान में "गुग्लिल्मो मार्कोनी समाधि" में रखी गई। 1938 में यह स्थान उनके नाम पर समर्पित कर दिया गया।

***

9

अल्बर्ट आइंस्टाइन

अल्बर्ट आइंस्टाइन का जन्म 14 मार्च, 1879 को जर्मनी के वुरतैमबर्ग राज्य के उल्म शहर में एक यहूदी परिवार में हुआ था। उनके पिता हरमन आइंस्टाइन एक इंजीनियर और सेल्समैन थे। उनकी माँ पॉलीन आइंस्टाइन थी। 1880 में उनका परिवार म्यूनिख चला गया। जहाँ उसकी माता और चाचा ने "इलेक्ट्रोटेक्निश फैब्रिक जे. आइंस्टाइन एंड कंपनी" नाम की कंपनी खोली। कंपनी ने विद्युत उपकरणों का निर्माण किया और म्यूनिख के अक्तूबर फेस्ट मेले में

पहली बार प्रकाश व्यवस्था भी प्रदान की। अल्बर्ट आइंस्टाइन का परिवार यहूदी धार्मिक प्रथाओं में विश्वास नहीं करता था और इसलिए आइंस्टाइन एक कैथोलिक स्कूल में चले गए। लेकिन बाद में 8 साल की उम्र में, वह वहाँ से ल्यूटपोल्ड जिम्नेजियम (जिसे अब अल्बर्ट आइंस्टाइन जिम्नेजियम के नाम से जाना जाता है) चले गए, जहाँ उन्होंने अपनी माध्यमिक और उच्चतर माध्यमिक शिक्षा प्राप्त की। वह अगले 7 वर्षों तक वहीं रहे और उसने जर्मनी नहीं छोड़ा।

1895 में, जब आइंस्टाइन 16 वर्ष के थे, तब उन्होंने स्विस फेडरल पॉलिटेक्निक, ज्यूरिख में प्रवेश परीक्षा दी। भौतिकी और गणित को छोड़कर, वह अन्य विषयों में आवश्यक अंक प्राप्त करने में असफल रहे और अंततः पॉलिटेक्निक के प्रधानाध्यापक की सलाह पर वह ओरुविन कैंटोनल स्कूल, स्विट्जरलैंड चले गए। उन्होंने अपनी उच्च माध्यमिक शिक्षा 1895-96 में वहीं से पूरी की।

अल्बर्ट आइंस्टाइन ने कई खोजें की, जिसके लिए उनका नाम प्रसिद्ध वैज्ञानिकों में गिना जाता है। उनके कुछ निष्कर्ष इस प्रकार हैं:-

प्रकाश का क्वांटम सिद्धांतः- आइंस्टाइन के प्रकाश के क्वांटम सिद्धांत में, उन्होंने फोटॉन नामक ऊर्जा का एक थैला बनाया, जिसकी एक फोटॉन जैसी विशेषता है। अपने सिद्धांत में उन्होंने कुछ धातुओं से इलेक्ट्रॉनों के उत्सर्जन का वर्णन किया। उन्होंने फोटॉन इलेक्ट्रिक इफेक्ट बनाया।

आधुनिक समय में ऐसे कई उपकरणों का आविष्कार हो चुका है। $E = MC^2$ आइंस्टाइन ने द्रव्यमान और ऊर्जा के बीच एक समीकरण सिद्ध किया और आज इसे परमाणु ऊर्जा कहा जाता है।

ब्रोनोनियन गतिः- यह आइंस्टाइन का सबसे बड़ा और महत्वपूर्ण आविष्कार कहा जा सकता है, जो परमाणुओं एवं अणुओं के अस्तित्व को सिद्ध करने में सहायक है। हम सभी जानते हैं कि आजकल कई क्षेत्रों में विज्ञान का बोलबाला है।

सापेक्षता का विशेष सिद्धांतः- अल्बर्ट आइंस्टाइन के इस सिद्धांत में समय और गति के बीच संबंध की व्याख्या की गई है। ब्रह्मांड में प्रकाश की गति को निरंतर और प्रकृति के नियमों के अनुसार बताया गया है। अल्बर्ट आइंस्टाइन ने सापेक्षता के सामान्य सिद्धांत का प्रस्ताव दिया कि गुरुत्वाकर्षण अंतरिक्ष-समय महाद्वीप का एक घुमावदार क्षेत्र है, जो समूह को दर्शाता है। उन्हें ज्यूरिख विश्वविद्यालय में प्रोफेसर नियुक्त किया गया और लोग उन्हें एक महान वैज्ञानिक मानने लगे। 1905 में, 26 वर्ष की आयु में, उन्होंने विशिष्टता के सिद्धांत का प्रस्ताव रखा, जिसने उन्हें विश्व-प्रसिद्ध बना दिया। उन्होंने इस

विषय पर केवल चार लेख लिखे, जिन्होंने भौतिकी का चेहरा बदल दिया। इस सिद्धांत के लिए एक लोकप्रिय समीकरण $E = MC^2$ है, जिससे परमाणु बम का निर्माण हो सकता है। इसी कारण "इलेक्ट्रिक आई" की नींव रक्खी गई। इसी के चलते इस खोज ने साउंड फिल्म को टीवी पर ला दिया। इस खोज के लिए आइंस्टाइन को विश्व-प्रसिद्ध नोबेल पुरस्कार मिला।

अपनी स्नातक की डिग्री प्राप्त करने के बाद, उन्होंने छात्रों को पढ़ाने पर विचार किया, लेकिन अल्बर्ट आइंस्टाइन के अधिक ज्ञान के कारण उन्हें नौकरी नहीं मिली। 1902 में आइंस्टाइन को बर्न, स्विट्जरलैंड में एक अस्थायी नौकरी मिल गई। इस समय उन्हें अपने शोध लेख लिखने और प्रकाशित करने के लिए बहुत समय मिला।

उन्होंने डॉक्टरेट की डिग्री पाने के लिए कड़ी मेहनत करनी शुरू कर दी और आखिरकार उन्हें डॉक्टरेट की उपाधि मिल ही गई।

अल्बर्ट आइंस्टाइन के विचार:-

* दो चीजें अनंत हैं:- ब्रह्मांड और मानव मूर्खता; और मैं ब्रह्मांड के बारे में पक्के तौर पर नहीं कह सकता हूँ।

* एक ऐसा व्यक्ति, जिसने कभी गलती नहीं की, उन्होंने कभी कुछ नया करने की कोशिश नहीं की।

* हर आदमी प्रतिभाशाली है; लेकिन अगर आप किसी मछली को उसकी पेड़ पर चढ़ने की क्षमता से आँकेंगे, तो वह अपना पूरा जीवन यह सोचकर जिएगी कि वह बेवकूफ है।

* एक सफल व्यक्ति बनने का प्रयास न करें, बल्कि ऐसा व्यक्ति बनें जो जीवन-मूल्यों के ऊपर चलता है।

* जब आप एक अच्छी लड़की के साथ बैठते हैं, तो यह एक घंटे, एक सेकंड के बराबर होता है। जब आप जलती हुई झाड़ी पर बैठे हों, तो एक सेकंड एक घंटे के समान लगता है, यह सापेक्ष है।

* मूर्ख के हृदय में क्रोध का वास होता है।

* यदि हमें मानव जीवन को जीवित रखना है, तो हमें बिल्कुल नया सोचना होगा।

* मनुष्य को यह देखना चाहिए कि वहाँ क्या है, न कि क्या होना चाहिए।

* कोई भी समस्या चेतना के उसी स्तर पर रहकर हल नहीं की जा सकती, जहाँ से वह उत्पन्न हुई है।

* बिना प्रश्न किये सत्ता का सम्मान करना सत्य के विरुद्ध है।

* अतीत से सीखना, वर्तमान में जीना, भविष्य की आशा करना और सब कुछ महत्वपूर्ण बात यह है कि आप प्रश्न पूछना बंद न करें।

* मूर्खता और बुद्धिमत्ता के बीच अंतर यह है कि बुद्धि की एक सीमा होती है।

* जीवन एक तरह से साइकिल चलाने जैसा है, जिस प्रकार हमें आगे बढ़ने के लिए पहिये पर संतुलन की आवश्यकता होती है, संतुलित जीवन जीकर ही हम जीवन में आगे बढ़ सकते हैं।

* यदि आप किसी कार्य को करने के सभी नियम जानते हैं, तो आप उस कार्य को किसी अन्य से बेहतर ढंग से कर सकते हैं।

* एक जहाज किनारे पर सबसे सुरक्षित होता है, लेकिन इसे किनारे पर खड़े रहने के लिए नहीं बनाया गया है।

अल्बर्ट आइंस्टाइन के बारे में कई रोचक तथ्य हैं। कहा जाता है कि एक दिन जब वह भाषण देने जा रहे थे तो रास्ते में उनके ड्राइवर ने कहा कि मैंने आपका भाषण कई बार सुना है और अब मैं आपका भाषण लोगों के सामने दे सकता हूँ। उनकी बात सुनकर आइंस्टाइन ने कहा, 'ठीक है, आज तुम मेरी जगह भाषण दो।' आइंस्टाइन ने ड्राइवर की जगह ली और अपनी ड्रेस उतारकर ड्राइवर को दे दी। भाषण हॉल में ड्राइवर ने बिल्कुल आइंस्टाइन जैसा धुआँधार भाषण दिया। भाषण के बाद जब लोगों ने सवाल पूछना शुरू किया तो ड्राइवर ने आत्मविश्वास से जवाब दिया। लेकिन किसी ने इतना कठिन सवाल पूछ लिया कि ड्राइवर को जवाब नहीं पता था। "ओह, इस प्रश्न का उत्तर इतना सरल है कि मेरा ड्राइवर ही आपको बता देगा," ड्राइवर ने कहा। यह कहकर उन्होंने आइंस्टाइन को सीट पर बिठाया और आइंस्टाइन जवाब देने के लिए खड़े हो गये।

महान वैज्ञानिक अल्बर्ट आइंस्टाइन खोज के दृष्टिकोण का उपयोग करके अपने दिमाग में एक झलक पैदा करने की कोशिश करते थे। यह उनके प्रयोगशाला के प्रयोग से भी अधिक सटीक होती थी। आइंस्टाइन को उनके तजुर्बे के लिए नोबेल पुरस्कार से सम्मानित किया गया था।

वैसे तो आइंस्टाइन को दुनिया का सबसे महान वैज्ञानिक माना जाता है। लेकिन वह बचपन में सीखने और पढ़ने में कमजोर थे। वह विश्वविद्यालय में प्रवेश के लिए पहली प्रवेश परीक्षा में असफल हो गये।

आइंस्टाइन अपनी कमजोर याददाश्त के लिए भी कुख्यात थे। यह सच है कि वे अक्सर तारीखें, नाम और फोन नंबर भूल जाते थे। जर्मन वैज्ञानिक अल्बर्ट आइंस्टाइन को इजराइल के राष्ट्रपति पद की पेशकश की गई थी। परन्तु उन्होंने नम्रता से इसे अस्वीकार कर दिया। इतने महान वैज्ञानिक से कोई विवाद न जुड़ा

हो, ऐसा हो ही नहीं सकता। 1902 में वे एक नाजायज बच्चे के पिता बने। 1879 में जन्मे अल्बर्ट आइंस्टाइन के साथ-साथ चार्ल्स डार्विन, एलन पो और सद्दाम हुसैन जैसी प्रसिद्ध हस्तियों ने पहली शादी कजिन के साथ की।

यह याद रखने योग्य बात है कि जब अल्बर्ट आइंस्टाइन ने 1902 से 1909 तक कुछ लेख लिखे, तो उनकी आलोचना शुरू हो गई। पहले तो कुछ पुराने प्रोफेसरों ने उनके लेखों को मजाक समझा, लेकिन फिर वे उनके बारे में सोचने लगे। 1913 में दो प्रमुख जर्मन वैज्ञानिक ज्यूरिख पहुँचे। यह थे प्लैंक, जिन्होंने क्वांटम सिद्धांत का आविष्कार किया था और नेरस्ट, जो देश की साइंस सोसाइटी के अध्यक्ष थे। वहाँ से वे आइंस्टाइन को समझा-बुझाकर वापस जर्मनी ले आये और आते ही उन्हें कैसर विल्हेम इंस्टीट्यूट ऑफ थियोरेटिकल फिजिक्स का निदेशक बना दिया। आइंस्टाइन 1914 में जर्मनी में प्रशियन एकेडमी ऑफ साइंसेज के सदस्य बने।

1916 में उन्होंने पहली बार अपने सापेक्षता के सिद्धांत को विकसित किया। उनका सारा काम गणितीय समीकरणों (EQUATIONS) में था, जिसे केवल शीर्ष भौतिक विज्ञानी ही समझ सकते थे। उनके विचारों को स्वीकार करना कठिन था, क्योंकि उन्होंने विज्ञान की नींव को ही उखाड़ कर रख दिया था। उसके सिद्धांत का परीक्षण कैसे करें? जब सूर्य-ग्रहण हुआ तो इंग्लैंड में आर्थर एडिंगटन और उनके सहयोगियों ने साबित कर दिया कि आइंस्टाइन का सिद्धांत सही था। इन प्रयोगों से आइंस्टाइन की पहचान और प्रतिष्ठा में वृद्धि हुई। 1921 में उनके सिद्धांत की प्रशंसा हुई और उन्हें नोबेल पुरस्कार मिला। 1929 में उन्होंने अपने सिद्धांत को और विकसित किया और 1953 में उन्होंने एक समीकरण बनाया, जिसने विज्ञान के पुराने युग को समाप्त करके एक नए युग की स्थापना की।

आइंस्टाइन का सारा शोध, सोच और गणितीय समीकरणों पर निर्भर थे। अन्य वैज्ञानिक उनके निष्कर्षों का परीक्षण करने के लिए प्रयोगशालाओं में प्रयोग करते थे। उनकी अपनी प्रयोगशाला उनका अपना घर था और उनके उपकरण कागज और पेंसिल थे, जिन्हें वे हर समय अपने साथ रखते थे। कभी-कभी, नींद से उठते ही, कागज और पेंसिल उठाकर कुछ नोट करने लग जाते थे

उनका सापेक्षता का सिद्धांत 1905 में प्रकाशित हुआ था। ऐसे युगान्तरकारी सिद्धांत की खोज विज्ञान में पहले कभी किसी ने नहीं की है। इससे पहले विज्ञान के दो आधार थे:- (1) पदार्थ का जन्म नहीं हो सकता और ना ही उसका विनाश हो सकता है। (2) यही विशेषता ऊर्जा की भी है। ऊर्जा का न तो निर्माण सम्भव है, न ही विनाश; केवल इसका रूप बदला जा सकता है। इन दोनों कानूनों को अंग्रेजी में

CONSERVATION OF MATTER और CONSERVATION OF ENERGY कहा जाता है। ये दोनों ही स्वरूप बदलते हैं और इन दोनों के स्वरूप बदलने से ही इस संसार की लीला चल रही है। आइंस्टाइन ने अपने एक समीकरण की एक चोट से पदार्थ को पूरी तरह से समाप्त कर दिया।

उनके समीकरण $E = MC^2$ का अर्थ है कि संसार के खेल का सार केवल ऊर्जा और पदार्थ का संगठित रूप है। पदार्थ को तोड़ो और शक्ति पैदा करो। उसी प्रकार शक्ति को संगठित करो और उससे पदार्थ बनाओ। समीकरण के अनुसार, यदि हम एक ग्राम पदार्थ का उपभोग करते हैं, तो लाखों गुना बिजली उत्पन्न होगी। इस समीकरण में, E का अर्थ बल, M का अर्थ पदार्थ और C का अर्थ प्रकाश की गति है।

इससे यह सिद्ध हो गया कि पदार्थ ऊर्जा का अक्षय भंडार है और पदार्थ को किसी तरह तोड़कर हम ढेर सारी ऊर्जा पैदा कर सकते हैं। आइंस्टाइन ने स्वयं कोई प्रयोग नहीं किया, उन्होंने केवल मार्ग प्रशस्त किया। इस सिद्धांत का परीक्षण करने के लिए सबसे पहले इटली में "फर्मी" ने प्रयोग किए और बताया कि पदार्थ को तोड़ा जा सकता है और आइंस्टाइन के समीकरण के अनुसार ही शक्ति उत्पन्न की जा सकती है। वैज्ञानिक "फर्मी" के सत्यापन से भी संतुष्ट नहीं थे। इसलिए जर्मनी के एक प्रख्यात वैज्ञानिक "ऑटोहैन" ने परीक्षण किया, जब ऑटोहैन और उनके छात्र "स्ट्रासबर्ग" का पूरा कार्य प्रकाशित हो गया, तो सारी शंकाएँ समाप्त हो गईं। इसके साथ परमाणु शक्ति और परमाणु बम बनाने की संभावना परवान हुई। फिर इसके बारे में चर्चा शुरू हुई। तब उन दिनों जर्मनी में हिटलर और इटली में मुसोलिनी की सत्ता थी। "फर्मी" को नोबेल पुरस्कार मिला था। इस पुरस्कार को प्राप्त करने के लिए वह स्टॉकहोम गये। फिर वापस लौटने पर वह इटली न जाकर अमेरिका चले गये।

समझने वाली मोटी बात यह है कि संसार का खेल "शक्ति" की कठपुतलियों का नृत्य है। मनुष्य भी शक्ति की एक कठपुतली है। यह शक्ति अनेक रूपों में फैली हुई है, पर इसकी मात्रा में कोई फर्क नहीं पड़ता। मनुष्य की और सारे संसार के अस्तित्व का कारण सूर्य है। मनुष्य भी इसी प्रकाश का रूप है और इसकी खुराक भी सूर्य के प्रकाश से बनती है। मनुष्य मरता है, हम उसकी अंत्येष्टि करते हैं। इससे शक्ति का रूप ही बदलता है। शक्ति की मात्रा में कोई भी फर्क नहीं पड़ता।

ऊर्जा के मोटे रूप हैं:- रोशनी (ऑप्टिकल ऊर्जा), विद्युत और चुंबकीय ऊर्जा, गतिशील ऊर्जा या यांत्रिक ऊर्जा। आइंस्टाइन का मनोरथ यह था कि ऐसा समीकरण निकाला जाए जो ऊर्जा के सभी रूपों पर प्रभावी बनें, या उस समीकरण

को लगाकर प्रत्येक ऊर्जा के व्यवहार को सम झा जा सके। आइंस्टाइन ने अपना पूरा जीवन इस शोध के लिए समर्पित कर दिया। 1905 में इस सिद्धांत को विशेष सापेक्षतावाद (Special Relativity) कहा गया। 1916 में इसका विस्तार किया गया और इसका नाम बदलकर जनरल थ्योरी कर दिया गया। 1929 में इसका और विस्तार हुआ और इसका नाम यूनिफाइड फील्ड थ्योरी हो गया।

आखिरकार, 1953 में, वह सार्वभौमिक या सभी ऊर्जाओं पर लागू होने वाला एक समीकरण तैयार करने में सफल रहे। इस समीकरण के बनने तक वह कई नई और आश्चर्यजनक चीजें लेकर आए। ध्यान देने वाली पहली बात यह है कि हम प्रत्येक वस्तु को तीन आयामों (Dimensions) में मानते हैं और मापते हैं:- लंबाई, चौड़ाई, और ऊँचाई या मोटाई। इन्हीं से हम संसार की प्रत्येक वस्तु का वर्णन करते हैं। आइंस्टाइन ने वस्तुओं की संरचना को चार आयामी बनाया। चौथा आयाम समय रखा। फिर समय और स्थान की अलग-अलग इकाइयाँ हटा दी गईं और समय स्थान का आयाम (TIME SPACE) कर दिया गया।

प्रकाश की गति के बारे में नये विचार दिये। पहले यह माना जाता था कि प्रकाश सीधी रेखा में चलता है। उन्होंने साबित किया कि प्रकाश, जब पृथ्वी, सूर्य या किसी अन्य ग्रह के पास से गुजरता है, तो ग्रह के गुरुत्वाकर्षण बल के तहत प्रकाश की रेखा में थोड़ा सा मोड़ आता है। तब उन्होंने सिद्ध किया कि प्रकाश की गति एक सीमित गति है। कोई भी वस्तु इस गति से अधिक तेज गति से नहीं चल सकती। एक इलेक्ट्रॉन का द्रव्यमान उसके घूर्णन की गति के साथ बदलता रहता है और यदि इलेक्ट्रॉन की गति प्रकाश की गति बन जाती है, तो उसका द्रव्यमान अनंत हो जाएगा। इसका मतलब यह है कि अगर कोई भी चीज प्रकाश की गति से चलने लगे तो उसका वजन अनंत हो जाएगा। यदि हम कभी प्रकाश की गति से उड़ने लगें, तो हमारे लिए समय का अस्तित्व ही समाप्त हो जाएगा। न तो अतीत होगा और न ही भविष्य। ऐसा लगेगा कि सारा संसार ही शाश्वत हो गया है। जब रसायन विज्ञान में कोई समस्या आई, तो आइंस्टाइन ने ही हल निकाला। फोटो-केमिस्ट्री में अच्छी-खासी गड़बड़ी थी। आइंस्टाइन ने फोटो-कैमिकल तुल्यता का नियम निकालकर रास्ता साफ कर दिया। कहा जाता है कि सीधा सा नियम यह है कि जितना अधिक प्रकाश खर्च होगा, उतनी ही अधिक रासायनिक क्रिया होगी। इसी प्रकार, कोलाइड रसायन विज्ञान में ब्राउनियन-गति की एक विशेष समस्या थी, इसे भी आइंस्टाइन ने हल किया था।

लेकिन गहरे विचारों में जाने के लिए मन को संसार की बाहरी लीला से हटाना होता है। आइंस्टाइन को अपने शरीर की बहुत कम फिक्र थी। 1939 में जब

द्वितीय विश्व युद्ध शुरू हुआ तो हर देश के वैज्ञानिकों ने यह समझ लिया कि जिस देश ने सबसे पहले परमाणु बम विकसित किया, उसने युद्ध जीत लिया। अमेरिकी वैज्ञानिक, "फर्मी" के साथ आइंस्टाइन के पास गए और उनसे इस बात को स्पष्ट करने के लिए राष्ट्रपति रूजवेल्ट से मिलने और उन्हें इस काम के लिए मनाने को कहा। जब आइंस्टाइन चले गए तो उनकी पत्नी ने एक सूटकेस में दो या तीन पोशाकें रख दीं। उन्होंने समझाया भी और हर पोशाक पर लिखा भी और एक पिन भी लगा दी कि उस पोशाक को रास्ते में लगाना है; इसे रात में पहनना है; इसे राष्ट्रपति से मिलते समय पहनना है। आइंस्टाइन ने राष्ट्रपति रूजवेल्ट से मुलाकात की और उन्होंने राष्ट्रपति से जो भी कहा, राष्ट्रपति रूजवेल्ट ने बिना किसी हिचकिचाहट के उसे स्वीकार कर लिया।

जब नागासाकी पर परमाणु बम गिराया गया तो अमेरिका की जीत हुई। लेकिन उल्लेखनीय बात यह है कि जब आइंस्टाइन राष्ट्रपति रूजवेल्ट से मिलने के बाद वे घर लौटे, तो उन्होंने वही कपड़े पहने हुए थे जो उन्होंने घर जाते समय पहने थे और उनके हाथ में सूटकेस ज्यों का त्यों बंद था। उनकी पत्नी ने हँसते हुए कहा, ''तुम कुछ नहीं सीखोगे'' आइंस्टाइन के चेहरे पर हमेशा मुस्कान रहती थी और वह अपनी पत्नी के सवाल का जवाब भी उसी मुस्कान के साथ देते थे।

आइंस्टाइन ज्यादा बात तो नहीं करते थे, लेकिन जो भी उनसे मिलते थे, वह खुश होकर लौटते थे। वह सादगी, प्रेम और सेवा की प्रतिमूर्ति थे। वैज्ञानिक गणितीय विचारों के अलावा, आइंस्टाइन की दो अन्य व्यस्तताएँ भी थीं। सबसे पहले वह वायलिन बजाने में अच्छे थे। वह गरीब यहूदियों की सेवा के लिए धन इकट्ठा करते थे। जब उन्होंने मंच पर बैठकर वायलिन बजाया तो दर्शक मंत्रमुग्ध हो जाते थे। वे स्वयं भी वायलिन बजाते हुए मस्त हो जाते थे।

उनका दूसरा शौक खाना बनाना था। वह बहुत अच्छा खाना बनाते थे, लेकिन दूसरों के लिए। उसे खुद खाने की कोई इच्छा नहीं थी।

यह संसार एक रेत के टीले के समान है। इसके पास रेगिस्तान को पार करने के लिए कोई सड़क नहीं है। आइंस्टाइन जैसे महापुरुष जो यहाँ से गुजरे, उनके पदचिह्न ही आगे आने वाले यात्रियों को रास्ता दिखाते हैं। अल्बर्ट आइंस्टाइन भी हम जैसे यात्रियों को रास्ता दिखाने के लिए ये पदचिह्न छोड़कर गया है।

विश्व-प्रसिद्ध वैज्ञानिक आइंस्टाइन कहते थे कि जिस व्यक्ति ने कभी गलती नहीं की, उसने कभी कुछ नया करने की कोशिश नहीं की।

एक बार एक बच्चे ने आइंस्टाइन से पूछा, "आप महान कैसे बने, महान बनने का 'मंत्र' क्या है? कृपया मुझे समझाएँ।" आइंस्टाइन ने प्यार से अपना उदाहरण

दिया और बच्चे को एक शब्द में उतर दिया -- 'लगन'। बच्चे को समझ नहीं आया। उसने कहा, "मैं समझा नहीं।" आइंस्टाइन ने समझाना शुरू किया, "जब मैं छोटा था, तो मुझे गणित समझ नहीं आता था। मेरे साथी गणित में पास हो जाते थे और मैं फेल हो जाता था। मेरे सहपाठी मुझे चिढ़ाते थे और मेरी पीठ पर "बुद्धू" शब्द भी लिखते थे। क्लास में मुझे बेंच पर खड़े होने की सजा मिलती थी। कभी-कभी शिक्षक मुझे पूरे दिन बेंच पर खड़ा रखते थे। गणित के शिक्षक तो मुझे 'सात जन्म' गणित में फेल हो जाने की बात कहते थे। अध्यापक ने यहाँ तक कह दिया कि तुम गणित नहीं समझ सकते। ये तुम्हारी समझ से परे है।

एक दिन मैं एकांत में बैठा और सोचने लगा कि मुझमें क्या कमी है। क्या मैं इस कमी को दूर नहीं कर सकता? एक दिन मैंने तय कर लिया कि गणित सीखने में अपनी पूरी ताकत लगा दूँगा और अच्छे अंकों से पास हो जाऊँगा। तो इस तरह मैंने गणित में कड़ी मेहनत करना शुरू कर दिया। मैंने बहुत मेहनत की, लेकिन पास नहीं हुआ। यह कई वर्षों तक चलता रहा और अंततः मैं सफल हुआ। निश्चित ही "लगन" से किया गया परिश्रम सफलता दिलाता है।"

आइंस्टाइन ने बचपन में बहुत बाद में बोलना शुरू किया था और वह एक चंचल शरारतों से बहुत दूर थे। अपनी उम्र के बच्चों के बीच भी वह चुपचाप बैठा रहता था। बचपन में उन्हें अपने पिता के लाये हुए खिलौने पसंद नहीं थे। एक बार उनके पिता उनके लिए एक कंपास लेकर आए। उसे यह बहुत पसंद आया। उन्होंने अनेक रहस्य जानने के लिए अनेक प्रश्न पूछे। वह बचपन से ही मेधावी थे। यह इस संघर्ष का निष्कर्ष था कि 1905 में उन्होंने एक पेपर लिखकर साबित किया कि आइजैक न्यूटन द्वारा स्थापित कुछ कानून वैज्ञानिक निष्कर्षों के अनुरूप नहीं थे।

एक यहूदी परिवार में जन्मे आइंस्टाइन का कोई धार्मिक रुझान नहीं था। एक बच्चे के रूप में, उनके इतिहास के शिक्षक ने उन्हें प्रश्न पूछने के लिए डाँटा था:- किस वर्ष प्रशिया ने वाटरलू में फ्रांसीसियों को हराया था? उत्तर याद नहीं आया। आइंस्टाइन इस बात पर अड़े थे कि मेरे लिए इस उत्तर को याद रखना मुश्किल नहीं है, लेकिन तारीख तो किताब खोलकर देखी जा सकती है, लेकिन यह जानना जरूरी है कि इस लड़ाई के कारण क्या थे? इस घटना के कारण उन्हें स्कूल से भी बर्खास्त कर दिया गया। उनका मानना था कि बिना कारण जाने तथ्यों को याद करना शिक्षा नहीं है।

आइंस्टाइन को 1921 में "LAW OF PHOTO ELECTRIC EFFECT" के लिए नोबेल पुरस्कार से सम्मानित किया गया था। उनके तीन सिद्धांतों - सामान्य सापेक्षता, विशेष सापेक्षता और ब्रोनोनियन गति - ने पूरी दुनिया में

हलचल मचा दी। 1921 से 1933 तक, आइंस्टाइन ने पूरी दुनिया की यात्रा की। आक्सफोर्ड विश्वविद्यालय ने उन्हें "विज्ञान का डॉक्टर ऑफ साइंस" की उपाधि दी। 1950 में आइंस्टाइन ने एकीकृत क्षेत्र सिद्धांत प्रस्तुत किया। आइंस्टाइन ने समय, पदार्थ और गुरुत्वाकर्षण आकर्षण आदि से संबंधित अवधारणाओं में क्रांतिकारी बदलाव लाया।

एक महान वैज्ञानिक होने के साथ-साथ आइंस्टाइन के गहरे सामाजिक सरोकार भी थे। अपने शोधों के साथ-साथ, वह अपने समय की अन्याय-आधारित व्यवस्था के खिलाफ, सामाजिक न्याय और मानवाधिकारों के लिए जीवन भर संघर्षशील रहे। अपने महत्वपूर्ण आलेख - "समाजवाद ही क्यों?" में उन्होंने पूंजीवाद के विकल्प के रूप में न्याय और समानता पर आधारित समाजवादी व्यवस्था का पुरजोर समर्थन किया है।

वे शांति के साधक और युद्ध के विरोधी थे। जापान पर परमाणु बम गिरने से आइंस्टाइन बहुत दुखी हुए और रोने लगे। उन्होंने परमाणु बम बनाने वाले देशों को चेतावनी भरे पत्र भी लिखे। उन्हें एकांत पसंद था और खाली समय में वायलिन उनका सबसे बड़ा साथी था।

सापेक्षता के सिद्धांत के लिए उन्हें सबसे अधिक प्रसिद्धि मिली। सापेक्षता के सिद्धांत की खोज के बारे में भौतिकी में रुचि रखने वाली उनकी पत्नी मिलोवा मारिक ने पत्रकारों को बताया:- "एक दिन, प्रोफेसर गॉऊन पहने हमेशा की तरह नाश्ते के लिए आए, लेकिन उन्होंने नाश्ते को नहीं छुआ। मैंने सोचा - शायद तबीयत ठीक नहीं है। पूछने पर कहने लगे कि मेरे मन में एक बहुत ही अजीब विचार आया है और वे अपने विचारों में खोकर कॉफी पीने लगे और फिर वायलिन बजाने लगे, फिर वायलिन बजाना बंद कर देते और बीच-बीच में एक-दो बार कहा, "बहुत ही अजीब विचार है। बिल्कुल अद्भुत।"

"लेकिन वह विचार क्या है? मुझे कुछ बताओ ना?" मैंने कहा था "अभी बता सकना कठिन है। अभी उस पर काम करना बाकी है।"

फिर वे ऊपर अपने अध्ययन-कक्ष में चले गये। वायलिन बजाते समय कुछ लिखते। जाते-जाते उन्होंने कहा कि चाहे कितना भी जरूरी काम हो, उसे नीचे न बुलाना। सात दिन बाद वह कमरा छोड़कर नीचे आए। उनका चेहरा पीला पड़ गया था। उन्होंने मेज पर दो कागज रखे और कहा, "यह है वह महान विचार और यह है सापेक्षता का सिद्धांत।" उन्होंने इस सिद्धांत की खोज 20 मार्च 1916 को की थी। जबकि अल्बर्ट आइंस्टाइन को बोलना सीखने में देर होने के कारण, उनके माता-पिता ने उन्हें बुद्धू ही समझ लिया था।

जैसा कि पहले बताया गया है, आइंस्टाइन से जुड़े कई रोचक तथ्य हैं:-

एक बार आइंस्टाइन मशहूर लेखक रोम्याँ रोलाँ से मिलने गये। दोनों महारथी अंगीठी के पास एक-दूसरे के सामने बैठ गए और हाथ सेंकते रहे। दोनों सोच रहे थे कि क्या बात करें। रोम्याँ सोच रहे थे कि मुझे आइंस्टाइन के साथ क्या बात करनी चाहिए? आइंस्टाइन भी कुछ ऐसा ही सोच रहे थे:- 'मैं साहित्य से अनजान हूँ, साहित्य के महान विद्वान से क्या बात करूँ?' फिर आइंस्टाइन ने घड़ी की ओर देखा, सूइयाँ पैंतालीस मिनट आगे बढ़ चुकी थीं। आइंस्टाइन खड़े हो गये। रोम्याँ रोलाँ उन्हें दरवाजे तक छोड़ने गया। आइंस्टाइन ने कहा, "आज हमारी बहुत अच्छी मुलाकात हुई।" हाँ, बहुत अच्छी। रोम्याँ रोलाँ का उत्तर था।

एक बार किसी ने आइंस्टाइन को बताया कि सौ नाजी (आइंस्टाइन एक यहूदी परिवार से थे) आपके सापेक्षता के सिद्धांत को गलत साबित करने के लिए बैठक कर रहे हैं। इस पर उन्होंने अत्यंत शांत भाव से उत्तर दिया, "यदि मेरा सिद्धांत गलत होता तो सौ नहीं, एक व्यक्ति का विरोध ही काफी होता।"

एक बार आपके पास एक सेल्समैन आया, जिसके पास बिजली से चलने वाली लिफ्ट बेचते थे। वह कह रहा था:- घरों में लिफ्ट लगाना कितना जरूरी है और बिना इसके सीढ़ियों से चढ़कर कितना दर्द होता है, हृदय पर गुरुत्वाकर्षण के खिंचाव के विपरीत कितना दबाव पड़ता है आदि।" ऐसी चीजों का भयानक वर्णन कुछ इस प्रकार किया कि आइंस्टाइन ने तुरंत लिफ्ट का आदेश दिया।

जब वह पैसे लेने के लिए सचिव के पास गया तो सचिव ने ऑर्डर कैंसिल कर दिया। जब आइंस्टाइन ने कारण पूछा तो सचिव ने उत्तर दिया:- "आपका घर एक मंजिल का है, इसके ऊपर कोई अन्य मंजिल नहीं है।"

किसी ने एक बार आइंस्टाइन से पूछा, "मुझे समय और अनंत काल का अर्थ समझाओ।" आइंस्टाइन की प्रतिक्रिया थी, "बस यह समझ लें कि अगर मैं आपको समय के बारे में समझाना शुरू कर दूँ, तो ऐसा करने में मुझे अनंत काल लग जाएगा।"

एक बार कुछ लोगों ने आइंस्टाइन से पूछा, "तीसरा विश्व युद्ध किन हथियारों से लड़ा जाएगा?" तो उन्होंने जवाब दिया, ''तीसरे के बारे में मैं नहीं बता सकता, लेकिन चौथे के बारे में बता सकता हूँ कि यह युद्ध पत्थरों के हथियारों से लड़ा जाएगा, क्योंकि तीसरे विश्व युद्ध में परमाणु हथियारों से सभ्यता लगभग नष्ट हो जाएगी और बचे-खुचे लोग नई दुनिया की शुरुआत करेंगे और इस प्रकार चौथे विश्व युद्ध तक मानव सभ्यता का पाषाण युग चलेगा।''

एक बार, आइंस्टाइन के एक मित्र ने उन्हें अपना टेलीफोन नंबर - 24361 बताया और यह सोचकर कि नंबर याद रखना मुश्किल होगा, वह इसे एक कागज के टुकड़े पर लिखना चाहते थे।

आइंस्टाइन ने उन्हें रोका और कहा:- कोई जरूरत नहीं, मैं संख्या याद रखूँगा - दो दर्जन और 19 का वर्ग।

एक बार एक अमेरिकी पत्रकार ने बर्लिन में आइंस्टाइन से पूछा, "डॉ. आइंस्टाइन सफलता के लिए सबसे अच्छा फॉर्मूला क्या है?" तो उत्तर था:- यदि A सफलता है, तो $A = X + Y + Z$, जहाँ X काम है और Y कारण जानना है। "और Z क्या है?" पत्रकार ने पूछा। उसी समय उत्तर आया "तुम्हारा मुँह बंद रखना।"

एक बार अमेरिका के एक थिएटर में आइंस्टाइन और उनकी पत्नी को एक फिल्म देखने का निमंत्रण मिला। वे एक फिल्म देखने गए थे। फिल्म को बीच में ही रोक दिया गया और थिएटर की लाइटें चालू कर दी गईं। उस थिएटर की एक लोकप्रिय अभिनेत्री आइंस्टाइन के पास आई और बोली, "मेरा नाम पिकफोर्ड है। आपके मनोरंजन में बाधा डालने के लिए मुझे खेद है। लेकिन मैं आपसे हाथ मिलाना चाहती थी।" आइंस्टाइन ने विनम्रता से उससे हाथ मिलाया और वह चली गई। थिएटर का कार्यक्रम फिर शुरू हुआ। आइंस्टाइन ने अपनी पत्नी से पूछा, "यह मैरी पिकफोर्ड कौन है?"

आइंस्टाइन के 75वें जन्मदिन पर 1954 में अमेरिका में आपातकाल नागरिक मुक्ति समिति उनका फूलों से अभिनंदन करना चाहती थी। आइंस्टाइन ने निमंत्रण अस्वीकार करते हुए कहा, "आप मेरे दरवाजे पर केवल तब फूल ला सकते हैं, जब तक कि अंतिम आतंक को दंडित नहीं कर दिया जाता, उससे पहले नहीं।"

प्रिंस्टन यूनिवर्सिटी में घूमते समय एक छात्र की नजर आइंस्टाइन पर पड़ी। उसे यह देखकर आश्चर्य हुआ कि आइंस्टाइन फव्वारे से गिरते पानी को बड़े ध्यान से देख रहे थे। वह कभी अपना सिर इधर-उधर घुमा रहा था और ऐसी अजीब अदाएँ बना रहे थे। उसके हाथ कभी ऊपर तो कभी नीचे होते थे। जब आइंस्टाइन ने उस लड़की का परेशान चेहरा देखा तो उन्होंने पूछा, "क्या तुम ऐसा कर सकती हो?" क्या तुम पानी के प्रवाह को रोक सकती हो और प्रत्येक बूँद को देख सकती हो?" फिर उन्होंने उस पानी की धाराओं को रोककर और उसे हाथ से घुमाकर दिखाया और बताया कि स्ट्रोब प्रभाव इसी प्रकार उत्पन्न होता है। फव्वारे से दूर हटते हुए उन्होंने कहा, "यह मत भूलो कि विज्ञान खोज और आनंद के बारे में है।"

आइंस्टाइन को सबसे सुखद विचार तब आया, जब वह 1907 में अपने पेटेंट कार्यालय में बैठे थे। विचार यह था, "जब कोई व्यक्ति स्वतंत्र रूप से गिरता है, तो

उसे अपना वजन महसूस नहीं होता है।" वह इस विचार से चकित रह गए, जिससे उन्हें भारहीनता के नियम की खोज करने में मदद मिली।

आइंस्टाइन सोने से पहले नहाते थे। एक बार वह स्नान करने गये और एक घंटे तक स्नान से बाहर नहीं आये। उसकी पत्नी चिंतित हो गई और बिना दरवाजा खटखटाए बाथरूम में चली गई। उसने देखा कि आइंस्टाइन साबुन से भरे टब में लेटे हुए गहरी सोच में डूबे हुए थे। "मैं तो समझ रहा था कि मैं बस अपनी मेज पर बैठा था," उन्होंने कहा।

1914 से 1932 तक बर्लिन में रहने के दरम्यान अल्बर्ट आइंस्टाइन को हिटलर की यहूदियों के प्रति नफरत का अहसास हुआ।

1933 में जब हिटलर जर्मनी का तानाशाह बन गया, तो आइंस्टाइन जर्मनी छोड़कर इंग्लैंड आ गये। यहाँ उन्होंने लॉर्ड रदरफोर्ड के साथ मिलकर दुनिया के लोगों से अपील की कि जिन यहूदियों को हिटलर ने मार-मार कर देश से निकाल दिया था, उनकी मदद की जानी चाहिए। जब हिटलर को आइंस्टाइन के जर्मनी से चले जाने के बारे में पता चला तो उसने बहुत कोशिश की कि आइंस्टाइन किसी तरह वापस आ जाए, लेकिन उसने मना कर दिया।

इंग्लैंड में कुछ समय रहने के बाद आइंस्टाइन अमेरिका चले गए, जहाँ उन्हें प्रिंस्टन के इंस्टीट्यूट फॉर एडवांस्ड स्टडीज में आजीवन उच्च पद दिया गया। वहाँ प्रिंस्टन के एक अस्पताल में 18 अप्रैल 1955 को उन्होंने अंतिम साँस ली। यह दिन विज्ञान के लिए एक दुखद दिन है। आइंस्टाइन ने रात को प्रिंस्टन अस्पताल में अंतिम साँस ली। आखिरी समय में उन्होंने जर्मन भाषा में कुछ कहा, लेकिन उन्होंने क्या कहा, इसका पता नहीं चल सका क्योंकि उनके पास जो नर्स थी, वह जर्मन भाषा नहीं जानती थी, इसलिए एक नियम की वसीयत अधूरी रह गयी।

अल्बर्ट आइंस्टाइन की मृत्यु के बाद उनका मस्तिष्क उनके परिवार की अनुमति के बिना बाहर निकाला गया। यह अनैतिक कार्य डॉ. थॉमस हार्वे द्वारा उनके दिमाग की खोज करने के लिए किया गया था। एक रोगविज्ञानी ने पोस्टमार्टम के दौरान आइंस्टाइन का मस्तिष्क चुरा लिया और फिर मस्तिष्क 20 वर्षों तक एक जार में पड़ा रहा।

अल्बर्ट आइंस्टाइन विज्ञान के नये युग के प्रणेता थे। उनकी वसीयत के अनुसार 18 अप्रैल 1955 को उनका अंतिम संस्कार बिजली की भट्ठी में किया गया और उनकी अस्थियों को पानी में प्रवाहित किया गया।

***

10

मैरी क्यूरी

मैरी क्यूरी का जन्म 7 नवंबर, 1867 को पोलैंड की राजधानी वारसॉ में हुआ था। उनके पिता प्रोफेसर स्कोलोडोव्स्का एक विज्ञान व्याख्याता थे। उसके माता-पिता के घर का नाम मैरी स्कोलोडोव्स्का था। पिता के प्रभाव से बच्चों की रुचि विज्ञान के ज्ञान की ओर हो गयी। मैरी अपने माता-पिता की पाँचवीं सबसे छोटी संतान थी। वह पढ़ाई में बहुत तेज थी और 15 साल की उम्र में अपनी कक्षा में प्रथम आई थी। जब वह 10 वर्ष की थी, तब उनकी माँ की मृत्यु हो गई। उन दिनों पोलैंड पर रूस के जार का शासन था और लोगों पर वैसे ही अत्याचार और सख्ती

होती थी, जैसी अंग्रेजी शासन के दौरान भारतीयों पर होती थी। बुजुर्ग अन्याय और अत्याचार सहते हैं, लेकिन युवाओं का खून खौलता है। जिस प्रकार भारत में ब्रिटिश शासन के विरुद्ध गुप्त विद्रोही दल थे, वैसी ही स्थिति पोलैंड में थी। इसलिए वह भी युवा विद्रोही समूह में शामिल हो गई। माता-पिता ने, इस डर से कि कहीं मैरी जारवादी उत्पीड़न का शिकार न हो जाए, उसे क्राको विश्वविद्यालय में पढ़ने के लिए पोलैंड से बाहर भेज दिया। क्राको शहर पर तब ऑस्ट्रिया का शासन था। जब मैरी ने विश्वविद्यालय अधिकारी से विज्ञान की कक्षाओं में प्रवेश करने का अनुरोध किया, तो उन्होंने हँसते हुए कहा:- "महिलाओं और विज्ञान का क्या संबंध? तुम सीधे खाना पकाने की कक्षा में पहुँच जाओ।"

प्रकृति ने मैरी को मजबूत दिल का वरदान दिया था और विज्ञान का रंग पिता ने चढ़ा दिया था। वह पोलैंड वापस जाने के बजाय पेरिस चली गई। उस समय फ्रांस स्वतंत्रता के क्षेत्र में नंबर एक था और पेरिस विश्वविद्यालय पूरे विश्व में सर्वश्रेष्ठ माना जाता था। पेरिस पहुँचकर मैरी ने सरबोन विश्वविद्यालय में विज्ञान की कक्षाओं में दाखिला लिया। उन्होंने 1888 में अपना कोर्स पूरा किया। पास करने के बाद उन्होंने सरबोन सरबोन विश्वविद्यालय की प्रयोगशालाओं में विज्ञान पढ़ाने के साथ-साथ शोध करना भी शुरू कर दिया। प्रकृति ने मनुष्य को सफलता के लिए एक ही हथियार दिया है और वह है, दृढ़ संकल्प के साथ कड़ी मेहनत करना। मैरी ने बेहद गरीबी की हालत में भी बड़े साहस और दृढ़ संकल्प के साथ अपना शोध कार्य जारी रखा। यहीं पर उनकी मुलाकात पियरे क्यूरी से हुई, जो सरबोन विश्वविद्यालय में व्याख्याता थे और अपने चरित्र के कारण बहुत सम्मानित थे। उन्होंने पियरे क्यूरी से 1895 में शादी की और मैरी स्कोलोडोव्स्का अब मैडम क्यूरी बन गई। उन दोनों को वैज्ञानिक शोध का शौक था और वे दोनों इस शोध के दीवाने थे और यह एक आदर्श जोड़ी बन गई। परस्पर प्रेम और सम्मान, ऊपर से विज्ञान का प्रेम - बड़ा सुखद समय बीतने लगा। जिस आनंद की तलाश में दुनिया दौड़ती-भटकती है, वह स्वयं को भूल जाने में है, और स्वयं को भूल जाने की बात तभी होती है जब मन किसी अन्य आनंद में डूबा हो। वे दोनों दिनरात मौज-मस्ती करते रहते थे। न ज्यादा गपशप, न ज्यादा किसी से मिलना-जुलना। जब घर आते तो प्रोफेसर कपड़े धोने लग जाते और मैडम किचन में जाकर खाना बनाने लगती। उनकी दो बेटियाँ पैदा हुईं। दोनों ने मिलकर लड़कियों को पालने और उनके साथ खेलने में समय लगाया।

मानव जीवन का विकास एक सीधी रेखा में नहीं होता। बल्कि यह लहरदार है। जब ज्वार बढ़ता है, तो विकास की गाड़ी तेज हो जाती है और महीने दिन में

बदल जाते हैं। विज्ञान के शोध का भी यही हाल है। एक समय ऐसा आता है, जब खोजकर्ताओं को ऐसी चुनौतियों का सामना करना पड़ता है कि विज्ञान का एक नया युग बदल जाता है। 1895 में शादी हुई और 1895 में बर्लिन में रोएंटजेन ने एक्स-रे का आविष्कार किया। ये बहुत ही चौंका देने वाली किरणें थीं, जो ठोस पदार्थ से होकर गुजरती थीं और फिर स्क्रीन पर गिरती थीं और अपना अस्तित्व प्रकट करती थीं।

1896 में सरबोन के प्रोफेसर बैकरल ने भी ऐसी किरणें पैदा कीं, जिन्हें उस समय बैकरल किरणें नाम दिया गया। बैकरल एक अंधेरे कमरे में अपने प्रयोग कर रहा था। एक फोटोग्राफ प्लेट को काले कागज में लपेटा गया था। पास ही यूरेनियम सल्फेट के कुछ क्रिस्टल पड़े थे। जब फोटो प्लेट विकसित की गई, तो उस पर यूरेनियम साल्ट के क्रिस्टल की छवि बनी। बैकरल ने प्रयोग जारी रखे और अंततः यह निष्कर्ष निकला कि यूरेनियम लवण से एक्स-रे की तरह अंधी किरणें निकलती हैं।

अब दुनिया भर के वैज्ञानिकों की दिलचस्पी इन नई अंधी किरणों की ओर हो गई। इंग्लैंड में, जे.जे. थॉमसन और उनके शिष्य रदरफोर्ड इन प्रयोगों में जुट गए। 1904 में थॉमसन ने अन्य प्रकार की किरणें भी विकसित कीं, जिन्हें उन्होंने कैथोड किरणें नाम दिया।

सरबोन में मैरी क्यूरी और पियरे क्यूरी की भाग्यशाली जोड़ी ने यूरेनियम लवण से बैक्टीरिया विकिरण पर ध्यान केंद्रित किया। पिच ब्लेंड एक कठोर काला पत्थर है, जिससे यूरेनियम निकलता है। जब इस जोड़ी ने पिच ब्लेंडी पत्थर का परीक्षण किया, तो उसने यूरेनियम सल्फेट की तुलना में चार गुना तेजी से बैक्टीरियल किरणें उत्सर्जित कीं। यह स्वाभाविक परिणाम निकला कि पिच ब्लेंड पत्थर में एक घटक है, जो यूरेनियम सल्फेट की तुलना में बहुत तेज है। मैरी क्यूरी और पियरे क्यूरी ने इस अर्क को खोजने और इसे पिच ब्लेंडी से निकालने के लिए कमर कस ली। पिच ब्लेंडी एक महँगी वस्तु थी और इसके लिए पैसा कहाँ से आता? लेकिन जैसा कि कहा जाता है, जहाँ चाह, वहाँ राह और संसाधन हैं। ऑस्ट्रिया में पिच ब्लेंडी के भंडार थे। वहाँ के राजा ने इस जिज्ञासु जोड़ी को एक टन पिच ब्लेंडी मुफ्त उपहार में दे दी। मनों और टनों के प्रयोग प्रयोगशालाओं में नहीं हो सकते थे, उन्होंने खुले में डेरा डाला। वह छह महीने तक इन प्रयोगों में लगे रहे। एक टन पिच ब्लेंडी, पचास टन पानी और पाँच या छह अन्य रसायनों का उपयोग किया गया। पहले ऐसे तत्व की खोज हुई, जिसका नाम मैरी के जन्मस्थान के नाम पर प्लूटोनियम रखा गया। फिर अंततः एक ऐसे तत्व की खोज की, जो यूरेनियम से

भी सैकड़ों गुना तेज था और उसे रेडियम नाम दिया गया। एक टन पिच ब्लेंडी से केवल छह ग्राम रेडियम बरामद हुआ। रेडियम एक दुर्लभ पदार्थ है, जब वैज्ञानिकों ने इस पर अच्छे से शोध किया और इसका प्रचार-प्रसार किया तो 1904 में हेनरी बैकरल, प्रोफेसर पियरे क्यूरी और मैडम मैरी क्यूरी तीनों को संयुक्त रूप से नोबेल पुरस्कार मिला। उसी वर्ष इंग्लैंड की रॉयल सोसाइटी ने इस शोध युग्म को डेवी मेडल से सम्मानित किया। इस प्रशंसा से प्रभावित होकर, सरबोन विश्वविद्यालय ने रेडियोधर्मिता का एक नया विभाग खोला और प्रोफेसर पियरे क्यूरी को इसका प्रमुख नियुक्त किया, मैडम मैरी क्यूरी दूसरे स्थान पर रहीं।

प्रकृति का चक्र ऐसे ही चलता है, कभी मेल-मिलाप, कभी अलगाव, कभी दुख तो कभी खुशी। 1907 में, प्रोफेसर पियरे क्यूरी पेरिस में एक सड़क पार कर रहे थे, तभी अचानक दो घोड़ों वाली बग्घी तेज गति से आई और प्रोफेसर के ऊपर चढ़ गई। प्रोफेसर पियरे क्यूरी की मौके पर ही मौत हो गई।

मैरी क्यूरी को यह सदमा झेलना पड़ा, लेकिन वह एक वैज्ञानिक थी और इस दर्द को पी गई। अब सरबोन में उनके पति के स्थान पर मैडम क्यूरी को प्रधान बनाया गया। शोध जारी रहा और 1911 में मैरी क्यूरी को दूसरा और विशिष्ट नोबेल पुरस्कार मिला।

सरबोन में एक रेडियो संस्थान खोला गया और मैडम मैरी क्यूरी ने अपने मूल वारसॉ में एक अलग रेडियो संस्थान को वित्त पोषित किया। रेडियम एक अनोखा पदार्थ है और इससे निकलने वाली किरणें इतनी तेज होती हैं कि जिस स्थान पर इन्हें छुआ जाता है वहाँ की सभी कोशिकाएँ मर जाती हैं या मांस सड़ जाता है। इसी गुण के कारण रेडियम का उपयोग अस्पतालों में कैंसर, गठिया आदि के उपचार में किया जाता है। डॉक्टरों के पास कैंसर का यही एकमात्र इलाज है और इसका श्रेय मैडम मैरी क्यूरी को दिया जाता है।

जिंक सल्फाइड के साथ मिश्रित रेडियम का उपयोग अंधेरे में चमकदार पेंट के रूप में किया जाता है। इस पेंट से घड़ियों के अंक और सुइयाँ अंधेरे में चमकती हैं।

1914-1918 के युद्ध के दौरान ब्रिटिश सरकार ने मैडम मैरी क्यूरी को एक कार भेंट की। वह इस कार में बैठ जाती थी और घायल सैनिकों को जहाँ भी रेडियम उपचार की आवश्यकता होती थी, वहाँ पहुँच जाती थीं। उन्होंने दस लाख लोगों की जान बचाई, लेकिन फ्रांसीसी सरकार ने उन्हें कोई इनाम नहीं दिया। 1921 में मैडम मैरी क्यूरी अमेरिका के निमंत्रण पर न्यूयॉर्क गई। वहाँ उनका गर्मजोशी से स्वागत किया गया और राष्ट्रपति हार्डिंग ने उन्हें अपना शोध जारी रखने के लिए एक ग्राम रेडियम भेंट किया। तभी अमेरिका की महिलाओं ने भी अपनी सरताज

को एक ग्राम रेडियम और अन्य धन भेंट किया। मैडम मैरी क्यूरी ने जो धन पाया, वह वारसॉ के अस्पताल को दे दिया। 1929 में, जब वह अमेरिका की अपनी दूसरी यात्रा से लौटी, तो फ्रांसीसी सरकार ने उन्हें रेडियम फैक्ट्री अनुसंधान प्रयोगशाला बनाने के लिए 15 लाख फ्रैंक अनुदान के रूप में दिए।

पति की आकस्मिक मृत्यु के बाद मैडम मैरी क्यूरी पर अपनी दोनों बेटियों के पालन-पोषण की एक और बड़ी जिम्मेदारी थी। जब उनकी बड़ी बेटी आइरीन क्यूरी, रेडियो एक्टिविटी की खोज में लगी तो उनकी खुशी का ठिकाना नहीं रहा। उन्होंने अपने पति जोलियो के साथ मिलकर कृत्रिम रेडियोधर्मिता पर काम किया और इस काम के लिए मैडम आइरीन क्यूरी और उनके पति जोलियो को 1935 में नोबेल पुरस्कार मिला।

विज्ञान के क्षेत्र में शायद मैडम क्यूरी के बराबर कोई महिला नहीं हुई। यहाँ ध्यान देने वाली बात यह भी है कि जो पुरुष यह सोचते हैं कि महिलाएँ उनसे कम बुद्धिमान होती हैं, वे मूर्खता के दलदल में फँसे हुए हैं। विज्ञान ने साबित कर दिया है कि महिलाओं का दिमाग किसी भी तरह से पुरुषों से कमतर नहीं है। ये पुरुषों के आडंबर और धार्मिक मान्यताएँ समाज में व्याप्त हो गई हैं। कम भेदभाव वाले पश्चिमी समाजों में महिलाओं को समान अवसर और वातावरण दिया जाता है और यही कारण है कि पश्चिम ने प्रगति की है और हम भारतीय अभी भी अपनी धार्मिक मान्यताओं से बाहर नहीं निकल पा रहे हैं। इस संसार को केवल और केवल विज्ञान द्वारा ही आरामदायक और सुंदर बनाया गया है और विज्ञान के कारण ही सृष्टि को ठीक किया जा सकता है और बीमारियों के जाल को काटा जा सकता है। मानवता विज्ञान में है, धर्मों में नहीं। यह राजनीति ही है, जो मानवता को नष्ट करने के लिए विज्ञान का उपयोग करती है, वैज्ञानिक इसे कभी प्रोत्साहित नहीं करते। वह समाज सभ्य कहलाता है, जहाँ महिलाओं को समानता का अधिकार दिया जाता है और वे अधिक शिक्षित होती हैं।

यहाँ यह भी याद रखना चाहिए कि जब जून 1903 में मेरी क्यूरी को पीएच.डी. से सम्मानित किया गया था। पेरिस विश्वविद्यालय से डिग्री प्राप्त करने के बाद, उनके पति पियरे क्यूरी और उन्हें रॉयल इंस्टीट्यूशन, लंदन में व्याख्यान देने के लिए आमंत्रित किया गया, ताकि वे रेडियो गतिविधि के बारे में बता सकें। मैरी क्यूरी को सिर्फ एक औरत होने के कारण भाषण देने से वंचित रखा गया। केवल उनके पति ही इसके बारे में बता सके थे, जबकि मैरी क्यूरी ने प्राथमिक और बड़ा शोध किया था। उन्हें अपने आविष्कार का पेटेंट भी नहीं मिला और इसी कारण वे इससे कमाई नहीं कर सके और दूसरों ने कमाई से अपना घर भर लिया।

महिलाओं के साथ कितना भेदभाव किया जाता था; इसका उदाहरण यह भी है कि दिसंबर 1903 में जब रॉयल स्वीडिश एकेडमी ने पियरे क्यूरी, उनकी पत्नी मेरी क्यूरी और हेनरी बेकरेल को एक साथ नोबेल पुरस्कार देना था, तो समिति ने पहले पियरे क्यूरी और हेनरी बैकरल को ही नोबेल पुरस्कार से सम्मानित किया जाना तय किया था और जब एक कमेटी सदस्य ने पियरे क्यूरी को इस निर्णय के बारे में बताया, तो उन्होंने समिति में शिकायत की और तब जाकर मैरी क्यूरी का नाम दर्ज किया गया। जब पुरस्कार लेने की बात आई तो पति-पत्नी दोनों ने यह कहकर "स्टॉकहोम" जाकर पुरस्कार लेने से इनकार कर दिया कि वे अपने काम में बहुत व्यस्त हैं। पियरे क्यूरी ने लोगों से वाह-वाह कहलवाना भी अच्छा नहीं समझा। इस पुरस्कार की एक शर्त यह है कि नोबेल पुरस्कार के बाद उन्हें भाषण देना होता है और इसीलिए उन्हें 1905 में खुद वहाँ जाना पड़ा था। एक बात यह थी कि दिसंबर 1903 में पियरे क्यूरी का स्वास्थ्य भी बहुत अच्छा नहीं था। पुरस्कार राशि से मैरी और पियरे क्यूरी एक प्रयोगशाला सहायक को नियुक्त करने में सक्षम हुए। यह भी आश्चर्य की बात है कि इस पुरस्कार के बाद पियरे क्यूरी को पेरिस विश्वविद्यालय में प्रोफेसर की उपाधि दी गई और भौतिकी का अध्यक्ष बनाया गया; परन्तु उनके पास अभी भी कोई प्रयोगशाला नहीं थी, जहाँ प्रयोग ठीक से किये जा सकें। जब पियरे क्यूरी ने इसकी शिकायत की तो उन्होंने बात फौरी तौर पर मान ली और फिर भी यह प्रयोगशाला 1906 में जाकर तैयार हो पाई। जब मैरी क्यूरी और उनके पति पियरे क्यूरी ने रेडियम की खोज की, तो उनकी प्रयोगशाला उनके घर के पिछवाड़े में एक छोटे से शेड में थी और बारिश होने पर यह जगह-जगह से लीक भी होता था।

मैरी क्यूरी को अपने देश पोलैंड और पोलिश भाषा से बहुत प्यार था और इसीलिए उन्होंने जुलाई 1898 में खोजे गए पहले रासायनिक तत्व का नाम पोलोनियम रखा और दूसरे रासायनिक तत्व की खोज 26 दिसंबर 1898 में की। इसका नाम रेडियम रखा गया, जो किरण के लिए लैटिन शब्द 'रे' (RAY) से लिया गया था।

अपनी मातृभाषा के प्रति उनके प्रेम का प्रमाण यह है कि जब दिसंबर 1904 में जब उन्होंने अपनी दूसरी बेटी ईव को जन्म दिया, तो उन्होंने पोलिश संस्कृति के मूल्यों को सिखाने के लिए पोलिश गवर्नेस को घर में रखा। वह अक्सर अपनी बेटियों को पोलिश भाषा और संस्कृति के लिए पोलैंड ले जाती थीं, जबकि वह खुद पाँच भाषाओं में पारंगत थीं।

जब मैरी ने 26 जुलाई 1895 को पियरे से शादी की, तो उनका कोई धार्मिक समारोह नहीं हुआ क्योंकि वे दोनों नास्तिक थे। मैरी क्यूरी के पिता भी नास्तिक थे और वह एक उच्च शिक्षित क्रांतिकारी परिवार से थीं। शादी में, "फैशनेबल शादी के कपड़े" पहनने के बजाय, उन दोनों ने गहरे नीले रंग का लैब कोट पहना था, जिसे वे अपनी शादी के बाद वर्षों तक लैब में इस्तेमाल करते रहे।

महिलाओं के प्रति भेदभाव की बात करते समय यह याद रखने योग्य है कि जब 19 अप्रैल, 1906 को पियरे क्यूरी की मृत्यु हो गई, तो 13 अगस्त, 1906 को मैरी क्यूरी को पेरिस विश्वविद्यालय में प्रोफेसर की उपाधि दी गई और वह नोबेल पुरस्कार जीतने वाली पहली महिला बनीं।

मैरी क्यूरी चाहती थी कि विश्वविद्यालय में एक नई प्रयोगशाला बनाई जाए, लेकिन विश्वविद्यालय इसके लिए सहमत नहीं था। यह तब संभव हुआ, जब पाश्चर इंस्टीट्यूट के निदेशक ने मैरी क्यूरी को विश्वविद्यालय छोड़ने और अपने संस्थान में काम करने के लिए कहा, तब जाकर विश्वविद्यालय राजी हुआ था, और क्यूरी इंस्टीट्यूट अस्तित्व में आया। यह पाश्चर इंस्टीट्यूट और पेरिस विश्वविद्यालय के सहयोग से अस्तित्व में आया। महिलाओं के प्रति भेदभाव का एक और उदाहरण यह है कि 1911 में मैरी क्यूरी को एक या दो वोटों से फ्रेंच एकेडमी ऑफ साइंसेज की सदस्यता से वंचित कर दिया गया था। 1962 में पीएच.डी. की छात्रा मार्गरेट पेरी को पहली बार फ्रेंच एकेडमी ऑफ साइंसेज की सदस्यता प्राप्त हुई।

आप चाहे कितनी भी प्रसिद्धि पा लें और चाहे कितने भी बड़े आविष्कार कर लें, जीवन में नफरत, ईर्ष्या और द्वेष की कोई कमी नहीं है। यदि आप किसी दूसरे देश से हैं, तो आप जिस देश में रहते हैं, वहाँ के देशवासी आपको पूरे दिल से स्वीकार नहीं करते हैं। यही हाल पोलैंड में जन्मी-पली मैरी क्यूरी का भी हुआ।

फ्रांस का नाम ऊँचा करने वाले फ्रांसीसी वैज्ञानिक पति से शादी करने के बाद भी दक्षिणपंथी लोग उन पर झूठे आरोप लगाने से नहीं हिचकिचाए। उसे बताया गया कि वह यहूदी है। फ्रेंच एकेडमी ऑफ साइंसेज की उनकी सदस्यता के समय, दक्षिणपंथी समाचार पत्रों ने इस आधार पर उनके खिलाफ बदनामी अभियान चलाया कि वह एक विदेशी है। वह नास्तिक है। यह समस्या हमारे अपने भारत के लिए और भी अधिक प्रासंगिक है। हम बिहार और यूपी से आए हुए मजदूरों को अनादर के साथ "भईया" कहते हैं, जबकि भारत उनका भी देश है। जब सोनिया गांधी ने कांग्रेस पार्टी का अध्यक्ष चुनाव जीता, तो वामपंथी दलों ने भी उनके खिलाफ अभियान चलाया और उनके नेताओं ने वामपंथी अखबारों में लेख भी

लिखे कि वह एक विदेशी है और भारत की प्रधानमंत्री नहीं बन सकती है। दूसरी ओर, दोगलेपन की निशानी यह है कि जब कोई भारतीय मूल का व्यक्ति ब्रिटेन, कनाडा, अमेरिका या किसी विदेशी देश में कोई बड़ा पद लेता है, तो हमें बहुत गर्व होता है।

मैरी क्यूरी की बेटी ने बाद में कहा:- "फ्रांसीसी लोगों का दोगलापन देखिए कि जब मेरी माँ मैरी क्यूरी ने नोबेल पुरस्कार जीता, तो अखबारों और जनता ने उन्हें फ्रेंच हीरोइन कहा और अब वह एक विदेशी हो गई है और इस सदस्यता के लिए पात्र नहीं है।" इन सबके बावजूद, मैरी क्यूरी को 1911 में रसायन विज्ञान में दूसरा नोबेल पुरस्कार मिला। वह दो नोबेल पुरस्कार प्राप्त करने वाली पहली महिला है।

मैरी क्यूरी कितनी अच्छी इंसान थी, इसका अंदाजा केवल इस बात से लगाया जा सकता है कि जब प्रथम विश्व युद्ध शुरू ही हुआ था, तो वे अपने नोबेल पुरस्कार से प्राप्त स्वर्ण पदक सरकार की मदद के लिए दान करना चाहती थी, लेकिन फ्रेंच नेशनल बैंक ने उन्हें लेने से मना कर दिया। तब उन्होंने इस कठिन समय में सरकार की मदद के लिए नोबेल पुरस्कार से प्राप्त धनराशि के बांड खरीदे। उसने कहा:- "मेरे पास जो भी थोड़ा सा सोना है, मैं उसे अपने विज्ञान अनुसंधान में प्राप्त पदकों के साथ मिलाना चाहती हूँ, क्योंकि वे मेरे किसी काम के नहीं हैं। एक बात और कि जो पैसा मुझे दूसरे नोबेल पुरस्कार के लिए मिले थे, वे मेरे अपने आलस्य के कारण अभी भी स्वीडन-स्टॉकहोम में पड़े हुए हैं। यही मेरे पास है। मैं उस पैसे को यहाँ लाना चाहती हूँ और इसे "लड़ाई के लिए उधार दिए गए धन" के रूप में उपयोग करना चाहती हूँ। सरकार को पैसे की जरूरत है। मुझे कोई भ्रम नहीं है कि यह पैसा कहीं खो नहीं जायेगा।"

1920 में, रेडियम की खोज की 25वीं वर्षगाँठ पर, फ्रांसीसी सरकार ने उनके लिए एक छात्रवृत्ति शुरू की। 1921 में जब मैरी क्यूरी अमेरिका गईं तो श्रीमती विलियम ब्राउन मेलोनी ने रेडियम खरीदने के लिए "मैरी क्यूरी रेडियम फंड" की शुरुआत की।

जब अमेरिकी राष्ट्रपति वारेन हार्डिंग ने उनका गर्मजोशी से स्वागत किया और उन्हें एक ग्राम रेडियम भेंट की, तो फ्रांसीसी सरकार बहुत शर्मिंदा हुई कि उन्होंने मुझे सम्मान का कोई आधिकारिक बैज नहीं दिया, जिसे वह उस समय पहन सकें। बाद में जब फ्रांस सरकार ने उन्हें लीजन ऑफ ऑनर पुरस्कार देना चाहा तो इस स्वाभिमानी वैज्ञानिक ने इसे लेने से इनकार कर दिया। 1922 में, वह फ्रेंच एकेडमी ऑफ मेडिसिन की फेलो बन गई। मैरी क्यूरी इस संस्थान की निदेशक थीं और इन संस्थानों ने चार वैज्ञानिकों को नोबेल पुरस्कार जीतने में सक्षम बनाया। इन

नोबेल पुरस्कार विजेताओं में उनकी अपनी बेटी आइरीन क्यूरी और उनके दामाद फ्रेडरिक जोलियो-क्यूरी भी शामिल थे।

अगस्त 1922 में मैरी क्यूरी लीग ऑफ नेशन्स की सदस्य बनी और एक नई "बौद्धिक सहयोग पर अंतर्राष्ट्रीय समिति" बनाई, जिसकी वह 1934 तक सदस्य रही। इस समिति के अल्बर्ट आइंस्टाइन भी सदस्य थे। अल्बर्ट आइंस्टाइन का आई. क्यू. 160-180 था जबकि मैरी क्यूरी का आई. क्यू. 180-200 था।

1930 में, उसे अंतर्राष्ट्रीय परमाणु भार समिति के लिए चुन लिया गया, जहाँ वह अंतिम दिन तक सेवा करती रही। 1931 में उन्हें एडिनबर्ग विश्वविद्यालय के चिकित्सा विज्ञान के लिए कैमरून पुरस्कार से सम्मानित किया गया।

हमारी महान वैज्ञानिक मैरी मैडम क्यूरी 4 जुलाई 1934 को हमें हमेशा के लिए छोड़कर चली गईं। उनका नाम शेष विश्व के लिए एक सितारे की तरह चमकेगा।

1995 में जब फ्रांस सरकार ने मैरी क्यूरी के शव को खोदकर निकाला और उसकी जाँच की तो उन्होंने कहा कि जब वह जीवित थी, तो रेडियम से उन्हें कोई नुकसान नहीं हुआ था, क्योंकि इसे निगलने पर ही नुकसान हो सकता है। लेकिन उनकी मृत्यु एक्स-रे और रेडियोधर्मी आइसोटोप के कारण हुई थी।

प्रथम विश्व युद्ध के समय जब वह घायल सैनिकों की मदद करती थी, तो उन्हें अपने कोट की जेब में रखती थी। इन घातक किरणों से बचने के लिए उन्होंने सुरक्षात्मक कपड़े भी नहीं पहने थे। मैरी क्यूरी को SCEAUX कब्रिस्तान में उनके पति के बगल में दफनाया गया था। लेकिन 60 साल बाद 1995 में, वैज्ञानिकों की जोड़ी के सम्मान में, उनके अवशेषों को पेरिस पैन-थियोन में लाया गया। उनके शरीर को सिक्के की पन्नी से सील कर दिया गया था ताकि कोई रेडियेशन बाहर न निकल सके, क्योंकि वह रेडियोधर्मी सामग्री और रेडियम के साथ काम करते रहे थे। यह सम्मान पाने वाली वह पहली महिला है।

1890 के दशक से, उनके सभी कागजात को रेडियोधर्मी सामग्री के कारण खतरनाक घोषित किया गया है और उनका उपयोग अत्यधिक सावधानी के साथ किया जाना चाहिए। यहाँ तक कि उनकी रसोई की किताबें भी रेडियोधर्मी सामग्री से भरी पड़ी हैं। उनके सभी शोध पत्र भी LEAD-LINED BOXES में रखे गए हैं और अगर किसी को उन्हें देखना है तो उसे ऐसे कपड़े पहनने पड़ते हैं। अपने अंतिम वर्षों में वह रेडियो एक्टिविटी नामक पुस्तक लिख रही थी, जो उनकी मृत्यु के बाद 1935 में प्रकाशित हुई थी।

मैरी क्यूरी की खोजों ने न केवल कैंसर को रोका, बल्कि परमाणु के बारे में बहुमूल्य खोजें भी कीं, जो अर्नेस्ट रदरफोर्ड जैसे महान वैज्ञानिक नहीं कर सके।

उनके योगदान ने न केवल भौतिकी और रसायन विज्ञान की स्वीकृत सीमाओं को हिला दिया, बल्कि उन सामाजिक चिंताओं को भी तोड़ दिया कि महिलाएँ किसी भी तरह से पुरुषों से कमतर नहीं थी। मैरी क्यूरी को एक महिला होने के कारण हर जगह भेदभाव का दर्द सहना पड़ा, यहाँ तक कि बेगाने देश फ्रांस में भी और अपने ही देश पोलैंड में भी।

मेरा क्यूरी बहुत ईमानदार थी और जीवनशैली बहुत सरल थी। 1893 में जब उन्हें थोड़ा वजीफा मिला, तो 1897 में जब वह कुछ अधिक कमाने लगी तो उन्होंने वह सारा पैसा वापस कर दिया। यहाँ तक कि पहले नोबेल पुरस्कार से उन्हें जो धनराशि मिली, उसका अधिकांश हिस्सा उन्होंने अपने दोस्तों, परिवार के सदस्यों, छात्रों और शोधकर्ताओं में बाँट दिया। उन्होंने जान-बूझकर अपने आविष्कारों का पेटेंट नहीं कराया ताकि आविष्कारकों को कोई परेशानी न हो, अन्यथा वे पेटेंट कराकर पैसा कमा कर अपना घर भर सकती थी। यहाँ तक कि वह खुद भी निजी तौर पर पुरस्कार लेने के पक्ष में नहीं थीं और उनका कहना था कि यह पुरस्कार उसी संस्था को दिया जाना चाहिए, जिससे वह जुड़ी हैं। वह और उनके पति पियरे क्यूरी भी अक्सर कोई सम्मान लेने से इनकार कर देते थे। शायद इसीलिए अल्बर्ट आइंस्टाइन ने कहा:- "शायद मेरी क्यूरी ही एकमात्र व्यक्ति है, जिसे प्रसिद्धि बेईमान नहीं बना सकी।"

जहाँ तक सम्मानों की बात है, 2009 में 'न्यू साइंटिस्ट' पत्रिका के सर्वेक्षण में मैरी क्यूरी को "विज्ञान में सबसे प्रेरणादायक महिला" नामित किया गया था और उन्हें प्रथम स्थान पर 25.1 प्रतिशत वोट मिले, जबकि रोसलिंड फ्रैंकलिन 14.2 प्रतिशत वोटों के साथ दूसरे स्थान पर रहीं।

10 दिसंबर, 2011 को, न्यूयॉर्क एकेडमी ऑफ साइंसेज ने 100वीं वर्षगाँठ पर मैरी क्यूरी को दूसरा नोबेल पुरस्कार समर्पित किया, और उस सभा में, राजकुमारी मेडेलीन स्वीडन के भी उपस्थित थी।

वर्ष 1921 में उन्हें फ्रैंकलिन मेडल अमेरिकन फिलॉसॉफिकल सोसायटी द्वारा दिया गया था। इसके अलावा दुनिया भर के विश्वविद्यालयों ने उन्हें डिग्रियों से सम्मानित किया।

विज्ञान जगत ने उनके नाम पर रेडियोधर्मिता प्रतीक (ci) का नाम रखा है। रासायनिक तत्वों में संख्या 96 को क्यूरियम कहा जाता है। तीन रेडियोधर्मी खनिजों के नाम CUPRO, SKLODOWS KITE और CUPROSKLONS KITE भी उन्हीं को समर्पित है। यूरोपीय यूनियन ने विदेश में काम करने के लिए "मैरी स्कोलोडोव्स्का क्यूरी एक्शन फेलोशिप कार्यक्रम" शुरू किया है। 2007 में, पेरिस

में दो मेट्रो स्टेशनों का नाम बदलकर पियरे क्यूरी और मैरी क्यूरी के नाम पर रखा गया। पोलिश परमाणु अनुसंधान रिएक्टर का नाम मारिया के नाम पर रखा गया है। 7000 क्यूरी क्षुद्रग्रह का नाम भी उन्हीं के नाम पर रखा गया है। 2011 में विस्तुला नदी पर एक नया पुल वारसॉ ब्रिज मैरी क्यूरी को समर्पित किया गया। जनवरी 2020 में, सैटेलॉजिक कंपनी ने मैरी क्यूरी को समर्पित माइक्रो सैटेलाइट "नुसैट 8" जिसे मैरी के नाम से भी जाना जाता है, लॉन्च किया।

2011 को अंतर्राष्ट्रीय रसायन विज्ञान वर्ष के रूप में मनाया गया और मैरी क्यूरी के देश पोलैंड ने इस वर्ष को "मैरी क्यूरी का वर्ष" कहकर उन्हें सम्मानित किया।

कई संस्थानों ने अपना नाम मैरी क्यूरी रक्खा है और यह सम्मान दुनिया भर में दिया जा रहा है। 1948 में, लाइलाज बीमारी से पीड़ित लोगों की मदद के लिए ब्रिटेन में "मैरी क्यूरी चैरिटी" बनाई गई थी। कई संग्रहालयों का नाम मैरी क्यूरी के नाम पर रखा गया है। मैरी क्यूरी की तस्वीर बैंक नोटों और डाक टिकटों पर छपी है और उनके जीवन और संघर्ष को दर्शाती कई फिल्में भी बनाई गई हैं। फिल्मों के अलावा मैरी क्यूरी की जीवनी पर कई नाटक भी लिखे और खेले गए हैं।

यह हमारे लिए सीखने वाली बात है कि हम भारतीय भी अपने वैज्ञानिकों की सराहना करें और वैज्ञानिक सोच को बढ़ाने के लिए कदम उठाएँ। एक और महत्वपूर्ण बात यह है कि जब भी किसी व्यक्ति के साथ किसी भी प्रकार का भेदभाव हो तो उसके लिए खड़े हों और महसूस करें कि अगर मैं उस व्यक्ति की जगह होता तो क्या महसूस करता। तीसरी बात, मान-सम्मान, प्रोत्साहन और प्रशंसा लोगों को जीते जी देनी है क्योंकि आज तक कोई भी मरकर वापस नहीं आया है।

***

11

डॉ. हरगोविंद खुराना

डॉ. हरगोबिंद खुराना का जन्म 9 जनवरी 1922 को ग्राम रायपुर तहसील कबीरवाला, जिला मुल्तान (जो अब पाकिस्तान में है) में हुआ था। आपके पिता लाला लाजपत राय पटवारी थे। उनकी माता का नाम कृष्णा देवी था। लाला जी और कृष्णा जी के चार बेटे थे और हरगोविंद सबसे छोटे थे। उनकी एक बहन भी थी। घर में बहुत गरीबी थी, लेकिन फिर भी उनके पिता ने न सिर्फ सभी बच्चों को

पढ़ाया, बल्कि गाँव में एक कमरे का स्कूल भी खोला। इस छोटे से गाँव में केवल 100 लोग रहते थे और डॉ. खुराना की प्रारंभिक शिक्षा गाँव के स्कूल में एक पेड़ के नीचे बैठकर हुई। जब डॉ. खुराना छोटे थे, तो वे बहुत जल्दी उठ जाते थे ताकि घर में आग जलाने के लिए किसी के घर से अंगारे ला सकें। वह गाँव में देखता कि किस घर से धुआँ निकल रहा है और फिर उस घर से एक अंगारा माँग कर ले आता। इसके अलावा वह अक्सर पोस्ट ऑफिस के बाहर सीढ़ियों पर बैठकर लोगों की चिट्ठियाँ लिखते थे।

हरगोविंद शुरू से ही पढ़ने में बहुत होशियार थे और उनकी प्राथमिक शिक्षा रायपुर गाँव में ही हुई। उन्होंने मिडिल, खानेवाल स्कूल से 1938 में उत्तीर्ण की। और दसवीं डीएवी हाई स्कूल मुल्तान से 646 अंकों के साथ उत्तीर्ण की।

एफ. एससी. 1940 में उत्तीर्ण होने के बाद हरगोविन्द ने बी. एससी. ऑनर्स किया और 1944 में गवर्नमेंट कॉलेज लाहौर से एम.एससी. उत्तीर्ण की। 1945 में केन्द्र सरकार ने कई योग्य एम. एससी. उत्तीर्ण छात्रों को विज्ञान के उच्च प्रशिक्षण के लिए इंग्लैंड और अमेरिका भेजा। हरगोविंद उनमें से एक थे।

डॉ. खुराना ने लिवरपूल विश्वविद्यालय से 1948 में पीएच.डी. प्राप्त की और उसके बाद वे स्विट्जरलैंड चले गये। वहाँ उन्होंने एक साल फेडरल रिसर्च इंस्टीट्यूट ऑफ टेक्नोलॉजी में बिताया। 1950 शुरुआत में वह घर लौट आए। डॉ. खुराना ने दिल्ली विश्वविद्यालय के रसायन विज्ञान विभाग में व्याख्याता बनने के लिए आवेदन किया, लेकिन उन्हें नौकरी नहीं दी गई। वह बहुत निराश होकर इंग्लैण्ड चले गये। उस समय रसायन विज्ञान में नोबेल पुरस्कार विजेता डॉ. अलेक्जेंडर टोड कैम्ब्रिज विश्वविद्यालय में कार्बनिक रसायन विज्ञान के प्रमुख थे। उन्होंने डॉ. खुराना को नूफील्ड फेलोशिप दिलवाई और खुराना ने उनके साथ कार्बनिक रसायन विज्ञान में शोध शुरू किया। उन्होंने दो साल तक कड़ी मेहनत की।

उनकी गरीबी का आलम यह था कि जब वह स्विट्जरलैंड में थे, तो उनकी छात्रवृत्ति के पैसे खत्म हो गए और उन्हें भारत आना पड़ा और जब उन्हें कैम्ब्रिज में नौकरी मिल गई तो उनके परिवार ने पैसे इकट्ठा करके उनके लिए हवाई जहाज का टिकट खरीदा।

1952 में डॉ. खुराना ने एक स्विस महिला एस्थर एलिजाबेथ सिबलर से शादी की, जिनसे उनकी मुलाकात 1947 में प्राग में हुई थी। उनकी पत्नी उसे बहुत उत्साहित करती थी। उनकी पत्नी ने ही डॉ. खुराना को पश्चिमी शास्त्रीय संगीत की ओर प्रोत्साहित किया। उनका घर चित्रों, विज्ञान की अनेक पुस्तकों, कला और

दर्शन की पुस्तकों से भरा हुआ था। डॉ. खुराना को प्रकृति से बहुत प्रेम था और वे विज्ञान की समस्याओं पर गहराई से विचार करने के लिए प्रकृति रानी की गोद में एकांत में लंबी सैर किया करते थे। उन्हें तैराकी का भी शौक था।

डॉ. खुराना और एस्थर के तीन बच्चे थे। जूलिया एलिजाबेथ का जन्म 1953 में, एमिली ऐनी का जन्म 1954 में हुआ और 1979 में बसी। डेव रॉय का जन्म 1958 में हुआ था। इन सभी बच्चों का जन्म कनाडा में हुआ था। डॉ. खुराना को अपना प्रचार बिल्कुल पसंद नहीं था। उनका स्वभाव बहुत विनम्र था।

1952 में, उन्हें ब्रिटिश कोलंबिया विश्वविद्यालय में कार्बनिक रसायन विज्ञान विभाग का प्रमुख बनाया गया। इस पद पर वे 9 वर्षों तक कार्य करते रहे। पेप्टाइड्स, प्रोटीन और सह-एंजाइम "ए" के संश्लेषण पर महान शोध करके उन्होंने अच्छी प्रतिष्ठा प्राप्त की और प्रसिद्ध हो गये। इस कार्य और लोकप्रियता के आधार पर उन्हें 1960 में इंस्टीट्यूट ऑफ एंजाइम रिसर्च यूएसए का निदेशक नियुक्त किया गया। यहाँ भी उन्होंने बड़े जोश और उत्साह के साथ अपना शोध कार्य जारी रखा। इसके बाद वे विस्कॉन्सिन विश्वविद्यालय में जीव-विज्ञान के प्रोफेसर बन गये।

अक्टूबर 1968 में, डॉ. हरगोविंद खुराना को दो अन्य अमेरिकी वैज्ञानिकों के साथ फिजियोलॉजी और मेडिसिन के लिए नोबेल पुरस्कार मिला। अन्य विषयों के नोबेल पुरस्कार दूसरे देशों के वैज्ञानिकों को दिए जाते हैं और उनके बारे में समाचार और लेख अखबारों में छपते रहते हैं, लेकिन हमारे देश में हमारे वैज्ञानिक खुराना को नोबेल पुरस्कार विजेता बनने की बहुत खुशियाँ मनाई गईं। राष्ट्रपति और प्रधानमंत्री ने सुखद घोषणाएँ कीं। मंत्रियों और अन्य बड़े नेताओं ने खूब धुआँधार लेख लिखे। यह मुद्दा कुछ हद तक असाधारण था। अमेरिकी अखबारों में भी इस पर कुछ चर्चा हुई। डॉ. खुराना के एक अमेरिकी मित्र ने लिखा है कि डॉ. खुराना बहुत ठंडे और शांत स्वभाव के हैं, लेकिन जब भारत के बारे में कोई बात होती है, तो वे कटु हो जाते हैं। उनका जन्म भारत में हुआ था। उनके तीन भाई दिल्ली में रहते थे। पूरा देश जश्न मना रहा था और उनके गले में फूलों की मालाएँ डालने के लिए तैयार बैठा था। वे देश की नागरिकता त्यागकर अमेरिकी नागरिक बन गये थे और हार डलवाने के लिये भी अपनी जन्मभूमि की ओर नहीं आये। यह विचारणीय बात है।

जब से महान व्यक्ति नोबेल ने पुरस्कारों की इस श्रृंखला को शुरू किया है, तब से सैकड़ों नोबेल पुरस्कार प्रतिष्ठित वैज्ञानिकों, लेखकों, दार्शनिकों आदि ने जीते हैं। हमारा देश, दुनिया के सभी देशों की तुलना में, चीन के बाद दूसरे स्थान

पर सबसे अधिक आबादी वाला देश है। हमें ब्रिटिश शासन के दौरान दो नोबेल पुरस्कार जीतने का गौरव प्राप्त हुआ। एक रवीन्द्र नाथ टैगोर को साहित्य की गीतांजलि लिखने के लिए और दूसरा सर सी.वी. रमन को भौतिकी के लिए।

जहाँ शक्ति का प्रभुत्व होगा, वहाँ विज्ञान पनप नहीं सकता। जब से हमारे देश को स्वराज मिला, तब से यहाँ सत्ता की भावना प्रबल है और हर क्षेत्र में सत्ता की चर्चा जोरों पर है। कैम्ब्रिज में, ऑक्सफोर्ड में और अन्य विकसित देशों के विश्वविद्यालयों में, लोग शिक्षण और अनुसंधान में लगे हुए हैं। योग्यता की कद्र हर जगह होती है। ताकतवर लोग इन्हें अपने संघर्ष का अखाड़ा नहीं बना सकते। भारत में किसी विश्वविद्यालय का दीक्षांत समारोह होगा, दीक्षांत समारोह में अभिभाषण राष्ट्रपति या प्रधानमंत्री पढ़ेंगे। छोटे-छोटे शिक्षा संस्थानों में भी कोई कार्यक्रम होता है, तो चौधर मंत्री या अन्य राजनीतिक नेता की होगी। जिस प्रकार बरगद के पेड़ की छाया में गुलाब का पौधा नहीं पनप सकता, उसी प्रकार राजसी छाया में शिक्षा का पौधा सूख जाता है। प्रवेश के समय सिफारिशें, परीक्षाओं के समय सिफारिशें, शिक्षकों की भर्ती के समय सिफारिशें, बहस के समय सिफारिशें, ये सिफारिशें करने वाले मंत्री, ये सांसद, ये राज्यपाल, ये सभी राजनीतिक नेता होते हैं। यदि हम विज्ञान को फलता-फूलता देखना चाहते हैं, तो विश्वविद्यालयों को राजनीतिक क्षेत्र से आगे बढ़ने की जरूरत है। डॉ. खुराना सच्चे थे, भारत का नाम सुनकर उनका मन कड़वा होना स्वाभाविक था।

डॉ. खुराना की खोज मानव शरीर के लिए बहुत महत्वपूर्ण है। जिस प्रकार अणु (MOLECULE) के अंदर छोटे कण परमाणु होते हैं और परमाणु (ATOM) के अंदर छोटे कण इलेक्ट्रॉन और प्रोटॉन होते हैं, उसी प्रकार कोशिकाओं के अंदर गुणसूत्र (GENES) होते हैं। मेंडल ने पाया कि आनुवंशिकी वंशानुगत लक्षणों को नियंत्रित करती है। 1910 में मॉर्गन ने यह बात कही कि जीन क्रोमोसोम में होते हैं।

जब डॉ. खुराना 1950 में डॉ. टॉड के साथ कैम्ब्रिज में शोध किया करते थे, तो उन्होंने कॉम्प्लेक्स ऑर्गैनिक कंपाउंड, जिसे न्यूकलोटाइड्स कहते हैं, बनाए थे। यह शोध कैंब्रिज छोड़ने के कुछ समय बाद भी जारी रही और वह उसी श्रेणी के डिएक्सो रिबो न्यूक्लिक एसिड बनाने में सफल हुए। यह बहुत ही जटिल योग है। यदि इसका सूत्र लिखा जाए तो यह काफी जगह घेरता है। इसका नाम हर बार लिखना एक अच्छा सिरदर्द है, इसलिए इसका संक्षिप्त नाम डी.एन.ए. (D.N.A) रख दिया गया। ऐसा ही एक यौगिक, जो इससे कुछ कम जटिल है, वह है रिबो न्यूक्लिक एसिड। इसी मापदंड के आधार पर इसका नाम R.N.A रखा गया है।

डॉ. खुराना और उनके सहयोगी डी.एन.ए. और उससे भी अधिक विभिन्न प्रकार के न्यूक्लियोटाइड्स का निर्माण और अनुसंधान करने में लगे रहे। 1968 में जब डॉ. खुराना को दो अन्य अमेरिकियों के साथ संयुक्त नोबेल पुरस्कार मिला, तो यह इन्हीं न्यूक्लियोटाइड्स की खोज के आधार पर था।

डॉ. खुराना की बहुत जय-जयकार इस तथ्य से हुई कि वह पुरस्कार प्राप्त करने के बाद भी उन्होंने अपना शोध जारी रखा और अंततः प्रयोगशाला में डी.एन.ए. से जीन बनाने में सफल हुए

डॉ. खुराना ने 1966 में अमेरिकी नागरिकता ले ली। वह बहुत खुले विचारों वाले व्यक्ति थे और वे रसायन विज्ञान के बाहर भौतिकी और जीव विज्ञान प्रयोगशालाओं में जाकर अपने विचारों का प्रयोग करते रहते थे। उनका मानना था कि वे अन्य प्रयोगशालाओं से अनुसंधान के नये तरीके सीख सकते हैं। यह बात उस समय के वैज्ञानिकों के लिए बहुत ही असामान्य थी। उन्होंने 2007 में सेवानिवृत्त होने तक विजन पर काम करना जारी रखा। 12 दिसंबर 1968 को उन्हें नोबेल पुरस्कार मिला और इसके अलावा भी उन्हें कई अन्य पुरस्कार मिले। डॉ. खुराना के बारे में उनके एक सहकर्मी ने कहा:- "डॉ. खुराना रासायनिक जीव विज्ञान के क्षेत्र के जनक थे।" उनकी बेटी प्रोफेसर जूलिया एलिजाबेथ ने अपने पिता के काम के बारे में लिखा है:- "जब वह शोध कर रहे थे, तो उनकी हमेशा शिक्षा, छात्रों और युवाओं के भविष्य में रुचि रहती थी।"

ये डॉ. खुराना ही थे जो प्रयोगशाला में DNA बनाने में सफल हुए।डॉ. खुराना 9 नवंबर, 2011 को कॉनकॉर्ड, मैसाचुसेट्स, यू.एस.ए. में हमेशा के लिए हमसे बिछुड़ गए।

***

12
सर सी. वी रमन

चंद्रशेखर वेंकट रमन का जन्म 7 नवंबर 1888 को भारत में त्रिचनापल्ली (तमिलनाडु) के पास एक गाँव ऐनपट्टई में हुआ था। रमन के पिता का नाम चन्द्रशेखर अय्यर रमन और माता का नाम पार्वती अमल था। कई पीढ़ियों से

इसके बड़े-बुजुर्ग गाँव में खेती का काम करते थे। रमन के पिता खानदान के पहले व्यक्ति थे जिन्होंने साहस किया और पढ़कर स्कूल शिक्षक बने। अध्ययन करते हुए और अपनी परीक्षाएँ उत्तीर्ण करते हुए, वह पहले एक व्याख्याता बने और अंततः विशाखापत्तनम के हिंदू कॉलेज में भौतिकी के प्रोफेसर बने।

रमन ने अपनी प्राथमिक शिक्षा हिंदू कॉलेज के स्कूल में प्राप्त की। अभी वे सिर्फ दस वर्ष का थे, जब वह बी. ए. के विद्यार्थियों से भौतिक विज्ञान की पुस्तकें लेकर पढ़ते थे। पढ़ाई में उनकी हमेशा रुचि रहती थी। उन्हें खेलने या व्यायाम करने का बिल्कुल भी शौक नहीं था। इसलिए वह कमजोर और बीमार व्यक्ति की तरह रहते थे। 1900 में, जब वे सिर्फ 12 वर्ष के थे, तब उन्होंने 10वीं कक्षा की परीक्षा उत्तीर्ण की और कक्षा में प्रथम स्थान प्राप्त किया। एफ.ए. उन्होंने 1902 में हिंदू कॉलेज से परीक्षा उत्तीर्ण की। फिर बी.ए. 2006 में, वह भौतिकी में प्रमुखता के साथ प्रेसीडेंसी कॉलेज, मद्रास गए। कॉलेज में वह सभी विद्यार्थियों से उम्र और कद में छोटा था। 1904 में उन्होंने बी. ए. उत्तीर्ण किया और सभी शिक्षकों को आश्चर्यचकित कर दिया। पास होने वाले छात्रों में वह प्रथम स्थान पर रहे और कई पदक जीते।

बी. ए. की पढ़ाई के बाद, उन्होंने प्रेसीडेंसी कॉलेज में भौतिकी का विषय लेकर एम. ए. में प्रवेश लिया। परीक्षा में उनकी सफलता से उनके साथी छात्रों और शिक्षकों पर उसका रौब जम गया। उस पर किसी भी तरह का कोई प्रतिबंध नहीं था। वो चाहे तो क्लास में आए, या ना आए। वह चाहे तो लाइब्रेरी से किताबें निकाले या वापस रख दे। 1907 में, रमन ने भौतिकी में एम.ए. में उत्तीर्ण हुए और प्रथम श्रेणी प्राप्त की। यह मद्रास विश्वविद्यालय में भौतिकी की पहली प्रथम कक्षा थी।

रमन को इंग्लैंड जाने के लिए छात्रवृत्ति तो मिली, लेकिन शारीरिक कमजोरी के कारण वह इसका लाभ नहीं उठा सके।

हर युवा के ऊपर देश के हालात का प्रभाव पड़ता है। इस शताब्दी के आरंभ में विश्वविद्यालय से विरले ही एम.ए. में उत्तीर्ण हो पाते थे और प्रथम श्रेणी तो किसी-किसी साल ही कोई निकल पाता था। प्रथम श्रेणी के लिए नौकरी प्राप्त करने के तीन ही रास्ते थे:- (1) आईसीएस की परीक्षा (2) भारतीय वित्त सेवा की प्रतियोगिता परीक्षा (3) इनके नीचे पीसीएस की प्रतियोगिता थी। इन तीनों में सबसे ज्यादा पद और सैलरी वाली नौकरी भारतीय वित्त सेवा (आईएफएस) की थी।

रमन की रुचि भौतिकी में थी, लेकिन उन्हें रोजगार के लिए नौकरी की भी आवश्यकता थी। मजबूर होकर वे 1907 में कलकत्ता आईएफएस की प्रतियोगी

परीक्षा में बैठे। परीक्षा में अनिवार्य विषय इतिहास और अर्थशास्त्र थे, जो उन्होंने कभी नहीं पढ़े थे। लेकिन उन्हें प्रकृति द्वारा मस्तिष्क का उपहार में दिया गया था। इस प्रतियोगिता में वह प्रथम आये। परिणाम आते ही उनकी शादी लोक सुन्दरी से हो गयी। लोक सुन्दरी कीर्तन की अच्छी माहिर थी। ये जोड़ी प्रेम विवाह की एक आदर्श जोड़ी साबित हुई। दोनों पति-पत्नी कीर्तन के शौकीन बन गये। लोक सुन्दरी ने अपनी अंतिम साँस तक अपने वैज्ञानिक पति की अथक सेवा की।

जून 1907 में, रमन को कलकता में उप लेखाकार नियुक्त किया गया। एक शाम, कार्यालय में अपना काम खत्म करने के बाद, वह ट्राम में चढ़े और अपने घर वापस जा रहे थे, तभी उन्होंने एक पट्टी पर, "द इंडियन एसोसिएशन फॉर द कल्टिवेशन ऑफ साइंस" लिखा देखा, तो रमन ऐसे उत्साहित हो गए, मानो भांग का नशा चढ़ गया हो। जोश में आकर, वे चलती ट्राम से कूद गए और टूटी हुई इमारत में पहुँच गए। वहाँ कॉन्फ्रेंस चल रही थी। जो वैज्ञानिक बैठे थे, उन्होंने उन सभी को अपना परिचय दिया। अमृत लाल सरकार, जिन्होंने 1876 में इस परिषद को चलाया था, इसके सचिव थे, और सर अस्टोष मुखर्जी, जो एक सक्रिय सदस्य थे, दोनों के साथ रमन का अच्छा प्रेम हो गया। यहीं से रमन के जीवन का एक नया चरण शुरू हुआ।

1910 में रमन को रंगून स्थानांतरित कर दिया गया। उस समय बर्मा भारत का एक राज्य था। एक दिन उन्हें पता चला कि एक संस्था ने, जो घर से बहुत दूर थी, विज्ञान के लिए एक नया उपकरण खरीदा है। वह आधी रात को वहाँ पहुँचे। चौकीदार को जगाकर वह अधीक्षक के घर गए और सुबह पौ फटने से पहले उसने यंत्र देखकर वापस घर पहुँच गए।

1910 में उनके पिता का निधन हो गया। उन्होंने बर्मा से छुट्टी ले ली और घर वापस आ गया। क्रियाक्रम करा के उन्होंने प्रेसीडेंसी कॉल्स में शोध-कार्य शुरू कर दिया। छुट्टियाँ समाप्त होने पर उन्हें बर्मा से नागपुर स्थानांतरित कर दिया गया। नागपुर में एक छोटी सी घटना घटी, जो उनके अंदर के बारे में प्रकाश में डालती है। एक गरीब ग्रामीण के कुछ नोट आग में जल गये। बेचारा रोते हुए ए.जी. के कार्यालय पहुँचा। गरीबों की अब भी कोई सुनवाई नहीं होती, फिर उस समय कौन सुनता, रमन ने खुद जले हुए नोट आतिशी शीशे के साथ देखे और कहा कि नंबर बराबर पढ़े जा सकते हैं, कार्यालय को आदेश दिया कि गरीब को इन जले हुए नोटों के बदले नए नोट दिए जाएँ।

1911 में, रमन को फिर से कलकता स्थानांतरित कर दिया गया। ये वो समय था जब सर अस्टोष मुखर्जी ने कलकता विश्वविद्यालय के कुलपति की हैसियत

से सर रामबिहारी घोष और सर तारकनाथ पालत के दिए दान के साथ कलकत्ता में साइंस कॉलेज प्रारंभ किया था। सर तारकनाथ पालत ने अपने दान का एक हिस्सा एक योग्य भौतिकी प्रोफेसर को नियुक्त करने के लिए अलग रख दिया था। बस जोड़ जुड़ गए। रमन को भौतिक विज्ञान का शौक और सर अस्टोष मुखर्जी, जो उन्हें भौतिकी का प्रोफेसर बनाने वाले थे। 1917 में सैलरी और सरकारी नौकरी की परवाह न करते हुए रमन ने इस्तीफा दे दिया और कलकत्ता विश्वविद्यालय में प्रोफेसर बन गए। तभी रमन तन्मयता से अनुसंधान में जुट गए। सभी काम छोड़ दिए और अपना सारा जीवन विज्ञान के अनुसंधान और उसके विकास के लिए समर्पित कर दिया। उसका शोध विज्ञान की दो शाखाओं ACCOUSTIC (शब्द) और OPTICS (प्रकाश) में था, जिसने उसे पूरी दुनिया में मशहूर कर दिया और जिसके लिए उन्हें नोबेल पुरस्कार भी मिला प्राप्त होता है और इसका नाम रमन प्रभाव है।

1916 में अमृत लाल सरकार की मृत्यु के बाद रमन विज्ञान एसोसिएशन के सचिव बने। 1922 में कलकत्ता विश्वविद्यालय ने उन्हें डी.एस.जी. की डिग्री देकर सम्मानित किया। 1924 में वे लंदन की रॉयल सोसाइटी के सदस्य बने और उनके साथ मिलकर उन्होंने भारतीय विज्ञान कांग्रेस का गठन किया। 1926 में, इंडियन जनरल ऑफ फिजिक्स पत्रिका निकाली। 1928 में रमन के प्रभाव की खोज संपन्न हुई और दुनिया भर के वैज्ञानिकों ने इसकी सराहना की। आइंस्टाइन भी इन्हीं प्रशंसकों में से एक थे। 1930 में रमन को नोबेल पुरस्कार मिला। रमन भारत के ही नहीं, बल्कि पूरे एशिया के पहले वैज्ञानिक थे, जिन्हें नोबेल पुरस्कार मिला।

रमन ने तीन अत्यंत लोकप्रिय उपकरण बनाए:- (1) रमन स्पेक्ट्रोस्कोप (2) इलेक्ट्रॉन माइक्रोस्कोप (3) अल्ट्रा सेंट्रीफ्यूज।

रमन का अपना ही जुनून था, वह एक अंधेरे कमरे में हीरों पर पराबैंगनी किरणें फेंककर और हरी रोशनी पैदा करके उस कृत्रिम रोशनी में पढ़ते थे। 1929 में अंग्रेजी सरकार ने उन्हें "सर" की उपाधि दी, इसके बाद उपाधियाँ, पदक और "फेलोशिप" बहुतायत में मिलने लगीं। इटली, फ्रांस, अमेरिका, इंग्लैण्ड, जर्मनी सभी ने रमन को एक दूसरे से बढ़कर सम्मान दिया।

कलकत्ता विश्वविद्यालय में प्रोफेसर के रूप में 15 वर्षों तक रहने के बाद, रमन ने 1932 में वहाँ से इस्तीफा दे दिया और बैंगलोर में वैज्ञानिक अनुसंधान संस्थान के निदेशक बनकर गए। 1934 में वे भारतीय विज्ञान अकादमी में शामिल हो गए, लेकिन जिस उत्साह और आनंद के साथ वे विज्ञान की खोज देखना चाहते थे,

वह सरकारी संस्थानों में मुश्किल था। इसी विचार को ध्यान में रखते हुए उन्होंने 1948 में रमन रिसर्च इंस्टीट्यूट का उद्घाटन किया और स्वयं इसके निदेशक बन गये। उस दिन से लेकर अपनी आखिरी साँस तक वह इसी संस्था में व्यस्त रहे। प्रयोगशालाएँ बनवाई, वेधशाला बैटरियाँ बनवाई और कई एकड़ में बगीचा लगाया; जिसमें विभिन्न गुलाब के फूलों की देखभाल करना और गुलाब के फूलों को चूमना उनका दैनिक काम था।

1954 में सरकार ने उन्हें सर्वोच्च पुरस्कार 'भारत रत्न' से सम्मानित किया। 1947 में सोवियत सरकार ने उन्हें अपने सर्वोच्च पुरस्कार "लेनिन पुरस्कार" से सम्मानित किया। हकीकत तो यह है कि जीवन में खुशी और सफलता किसी चीज में डूबे रहने में ही है। जो लोग माया से बेफिक्र होते हैं और मौज-मस्ती और परिश्रम में रहते हैं; माया उनके पीछे-पीछे पैर चूमती हुई चली आती है।

उन्होंने स्वयं भारतीय विज्ञान कांग्रेस की स्थापना की, लेकिन जब उन्होंने राजसी चौधरी को इसका उद्घाटन करते हुए और अपनी ताकत दिखाते हुए देखा, तो उन्होंने विज्ञान कांग्रेस छोड़ दी और विज्ञान अकादमी का गठन किया।

रमन की कई कहानियाँ प्रचलित हैं। एक बार एक युवा उम्मीदवार नौकरी के लिए साक्षात्कार के लिए आया। साक्षात्कार के दौरान उन्होंने प्रश्नों के उत्तर दिए, लेकिन उन्हें नौकरी नहीं मिली। थोड़ी देर बाद रमन ने कहा, "भाई, जाओ, तुम्हें नहीं लिया गया है।" युवक ने धैर्यपूर्वक उत्तर दिया कि मुझे पता है, मुझे नहीं ले जाया गया है, लेकिन आपके कार्यालय ने मुझे यात्रा के लिए कुछ अतिरिक्त पैसे दिए हैं, मैं उन्हें वापस करके जाऊँगा। यह सुनकर रमन का व्यवहार बदल गया। वह उसका हाथ पकड़कर अंदर ले गए और बोले कि तुम्हें नौकरी दी जाती है। यह ठीक है कि तुम फिजिक्स में अच्छे नहीं हो, लेकिन कोई बात नहीं, मैं तुम्हें खुद पढ़ाऊँगा। असली बहुमूल्य चीज तो मूल्य उच्च आचरण है।

जब रमन नोबेल पुरस्कार लेने गए, तो परंपरा के अनुसार, उन्होंने बोर्ड के सदस्यों को अल्कोहल पर रमन प्रभाव का प्रदर्शन किया। शाम को जब प्रीति भोजन हुआ तो एक सदस्य ने कहा, "दिन में हमने शराब पर रमन प्रभाव देखा था, अब हम रमन पर शराब का प्रभाव देखेंगे।" रमन मुस्कुराया और उसे धन्यवाद दिया लेकिन साथ ही अपना सिर घुमाकर "नहीं" कहा। उन्हें पश्चिमी देशों की यात्रा करने के कई अवसर मिले। लेकिन उन्होंने अपना सात्विक आहार नहीं छोड़ा और कभी अपनी पगड़ी नहीं उतारी।

21 नवंबर 1970 को सर सी.वी. रमन की मृत्यु हो गई। एक महान भारतीय वैज्ञानिक हमें हमेशा के लिए छोड़ कर चले गये।

13

राइट बंधु - हवाई जहाज के आविष्कारक

मनुष्य के मन में हमेशा यह इच्छा रहती है कि काश ! वह भी पक्षियों की तरह उड़ सके। एक पुरानी ग्रीक कहानी में, डीडेलस नाम का एक व्यक्ति मोम के पंख बनाता है और अपने बेटे इकारस के साथ समुद्र के पार उड़ जाता है। ये दोनों सूरज के पास नहीं उड़ते क्योंकि उन्हें डर है कि वहाँ उनके पंख पिघल जायेंगे। एक दिन इकारस, अपनी युवावस्था के जोश में, सूरज की ओर उड़ने की कोशिश करता है, लेकिन सूरज की गर्मी से उसके पंख पिघल जाते हैं और वह समुद्र में गिरकर डूब

जाता है।

सबसे पहले लिलिएनथाल नाम के एक जर्मन व्यक्ति ने उड़ने के तरीकों के बारे में गंभीरता से सोचना शुरू किया। उसने पंखों की तरह एक मशीन तैयार की और खुद को उस मशीन से कसकर बांध लिया और फिर वह पहाड़ी की चोटी से कूद गया। कभी-कभी वह ऊँची इमारतों से भी छलाँग लगाकर उड़ने की कोशिश करता था। लेकिन वह कभी भी कुछ सेकंड से ज्यादा नहीं उड़ सका। फिर वह पाँच साल तक प्रयोग करते रहे। इन अनुभवों ने उन्हें बहुत कुछ सिखाया। एक दिन, वह जमीन से लगभग 50 फीट ऊपर उड़ रहा था, तभी उसकी मशीन हवा के झोंके में फँस गई और वह जमीन पर गिरकर मर गया।

स्मिथसोनियन इंस्टीट्यूट के एक प्रोफेसर लैंगली ने अमेरिका में अपने जीवन के अंतिम वर्षों में उड़ान पर बहुत काम किया और उन्होंने एक मशीन भी डिजाइन की, लेकिन वे केवल कुछ सौ मीटर ही उड़ सके। लेकिन प्रोफेसर लैंगली के प्रयोगों ने शोधकर्ताओं का ध्यान खींचा। फ्रांसीसी और अँग्रेज वैज्ञानिकों ने उड़ने पर बहुत काम किया; लेकिन वे भी हवा से भारी चीज उड़ाने में सफल नहीं हो सके। इस कार्य की सफलता का श्रेय दो अमेरिकी भाइयों ऑरविल राइट और विल्बर राइट को जाता है। उन दोनों भाइयों ने केवल हाई स्कूल तक पढ़ाई की थी और उनके पास कोई तकनीकी योग्यता नहीं थी। यहाँ तक कि उनके पास अपना शोध पूरा करने के लिए पर्याप्त पैसे भी नहीं थे।

इन दोनों भाइयों का जन्म ओहियो के डेटन में हुआ था। उन्हें हमेशा यंत्रों में रुचि थी। वे साइकिल मरम्मत की दुकान चलाते थे। जब 1896 में लिलिएनथाल की मृत्यु हो गई, तो उन्होंने उड़ान प्रयोगों के बारे में किताबें पढ़ना शुरू कर दिया। उनकी रुचि इतनी बढ़ गई कि उन्होंने तय कर लिया कि वह हवाई जहाज बनाकर उड़ाएँगे।

अब प्रयोग करने के लिए पैसों की जरूरत थी, लेकिन उनके पास ज्यादा पैसे नहीं थे। उन्हें यह भी नहीं पता था कि उन्हें किन खतरों का सामना करना पड़ सकता है। उन्होंने पक्षियों की उड़ान के बारे में जितना संभव हो सके उतना पढ़ने का निश्चय किया, साथ ही उन सभी मशीनों का गहन अध्ययन किया, जो उस समय तक उड़ान के लिए उपयोग की गई थीं।

वे हमेशा अपनी मशीनें स्वयं बनाते थे। सबसे पहले उन्होंने एक ग्लाइडर बनाया, जिसे वे पतंग की तरह उड़ाते थे। वे लीवर की सहायता से रस्सियाँ बाँधकर इसे संचालित करते थे। इससे उन्हें यह ज्ञान हुआ कि उड़ान में कौन से सिद्धांत काम करते हैं और किसी मशीन को हवा में कैसे रखा जाता है।

इसके बाद उन्होंने एक ग्लाइडर डिजाइन किया जिसमें एक आदमी बैठ सकता था और लिलिएनथाल की तरह, पहाड़ी से छलांग लगाकर उसे उड़ाया। यह ग्लाइडर उड़ने लगा, लेकिन इसे इच्छानुसार मोड़ना या संतुलन बनाये रखना कठिन था। वे एक सुनसान जगह पर गये जहाँ रेत की ऊँची पहाड़ियाँ थीं। इस प्रकार यदि वे गिरते भी तो पथरीली भूमि पर गिरने से बच जाते। अगले दो वर्षों में, उन्होंने अपने ग्लाइडर को 2,000 से अधिक बार उड़ाया, जिसमें सबसे लंबी उड़ान 600 फीट की दूरी तक थी।

इन सभी प्रयोगों में सबसे महत्वपूर्ण यह था कि ग्लाइडर को आगे की ओर उड़ाया जा सके। 1903 में उन्होंने एक मोटर बनाई और उसका प्रयोग करने के लिए उतरी कैरोलिना गए। उन्हें यकीन था कि उनकी मशीन काम करेगी, लेकिन उन्होंने इसके बारे में किसी को नहीं बताया।

उनकी पहली उड़ान मात्र 12 सेकंड की थी, लेकिन दुनिया के इतिहास में यह एक चमत्कार की तरह थी, जिसने दुनिया के क्षितिज और दिशा को बदल दिया। यह वह करिश्मा था जिसमें हवा ने अपने से भारी चीज को उठा लिया, जिसमें एक इंसान भी शामिल था। यह पहला हवाई जहाज कुछ देर उड़ान भरने के बाद बिना किसी नुकसान के जमीन पर उतर गया। उसी दिन, उन्होंने दो और प्रयोग किए जिससे उन्हें लंबी उड़ान भरने में मदद मिली। उनकी चौथी उड़ान 59 सेकंड तक चली और उनके हवाई जहाज ने 12 मील प्रति घंटे की गति से उड़ान भरी और 835 फीट की दूरी तय की।

इन दोनों भाइयों ने ये प्रयोग सिर्फ मनोरंजन के लिए शुरू किया था, लेकिन जब इसमें सफलता मिली तो ये गंभीर हो गए। 1905 तक वे अपने प्रयोगों में इतने निपुण हो गये थे कि उन्होंने अपना हवाई जहाज 35 मील प्रति घंटे की गति से 24 मील तक उड़ाया था। आश्चर्य की बात तो यह है कि इस युगांतकारी खोज के बारे में किसी को भी पता नहीं था। किसी पत्रिका या अखबार ने इसका जिक्र तक नहीं किया। जब लोगों को उनकी 24 मील लंबी उड़ान के बारे में पता चला तो बहुत कम लोगों ने उन पर विश्वास किया।

1908 में विल्बर राइट इस मशीन को फ्रांस ले गये। फ्रांस में उनका उपहास उड़ाया गया। एक फ्रांसीसी अखबार ने विल्बर राइट को लंबी गर्दन वाले पक्षी के रूप में चित्रित किया और उनकी मशीन का मजाक भी उड़ाया। लेकिन इन अखबार वालों और मजाक उड़ाने वालों के मुँह पर तमाचा तब पड़ा, जब विल्बर राइट ने 91 मिनट तक 52 मील की गति से उड़ान भरकर सबको चौंका दिया। इस महत्वपूर्ण सफलता के बाद, विल्बर राइट को दो लाख फ्रैंक से सम्मानित किया गया। इसके

अलावा फ्रांस सरकार ने उन्हें 30 इंजन यानी उड़ने वाली मशीनें (हवाई जहाज) बनाने का ऑर्डर भी दिया।

मजेदार बात यह है कि जब विल्बर राइट फ्रांस में पुरस्कार प्राप्त कर रहे थे, तब एक अन्य भाई, ऑरविल राइट, एक यात्री को फोर्ट मेयर, वर्जीनिया के लिए एक घंटे की उड़ान पर ले जा रहे थे।

1909 में हवाई जहाज को लेकर काफी प्रगति हुई। ब्लेरियट नामक एक फ्रांसीसी व्यक्ति ने इंग्लिश चैनल को अपने हवाई जहाज से उड़कर पार किया। इसके बाद, जेपेलिन नामक एक बड़ा एकल इंजन वाला गुब्बारा, 220 मील तक उड़ा। ऑरविल राइट ने अब वर्जिनिया से उत्तर कैरोलिना तक हवाई जहाज से उड़ान भरी। 1919 में NC-4 नाम का एक अमेरिकी हवाई जहाज अटलांटिक महासागर को पार कर गया। R-34 नाम के एक ब्रिटिश विमान ने ये करिश्मा दोहराया।

अब तो हर दिन हर देश से विमान उड़ान भर रहे हैं और पायलट तरह-तरह की हैरतअंगेज करतबें दिखाकर दिखावा कर रहे हैं। एक उड़ने वाली मशीन में बैठना और जमीन की ओर देखना

कितना रोमांटिक लगता है। यह राइट बंधुओं की लगन और कड़ी मेहनत ही थी, जिसने दुनिया को इतना छोटा बना दिया और मनुष्य का वह सपना, जो वह आदि काल से देखता आ रहा था, इन महान वैज्ञानिकों ने पूरा किया। इस सपने को पूरा करने के लिए न जाने कितने लोगों ने अपनी जान गँवा दी। यह राइट बंधु ही थे, जो अपने लक्ष्य को प्राप्त करने के लिए दुनिया की नजरों से दूर और बिना कोई पुरस्कार या गुणवत्ता खोए चुपचाप दिन-रात अपने काम में लगे रहे। वे दोनों भाई इतने साधारण थे कि उन्हें इस बात से कोई फर्क नहीं पड़ता था कि उनके गुणों का गुणगान या सम्मान किया जाएगा या नहीं।

जब हम विल्बर और ऑरविल भाइयों के बचपन पर नजर डालते हैं, तो पाते हैं कि वे एक बड़े परिवार से थे। वे कुल मिलाकर सात भाई-बहन थे। उनके पिता का नाम मिल्टन राइट और माता का नाम सुसन राइट था। उनके पिता एक पादरी (बिशप) थे और इसीलिए उनके बच्चों को पड़ोस में "बिशप के बच्चे" के नाम से जाने जाते थे।

पिता पादरी होने के कारण अपना घर एक स्थान से दूसरे स्थान पर बदलते रहते थे और 12वाँ घर बदलने के बाद अंततः 1884 में वे स्थायी रूप से एक स्थान पर रहने लगे। जब ऑरविल प्राथमिक विद्यालय में थे, तो उन्हें शरारती होने के कारण एक बार निष्कासित कर दिया गया था।

1878 में, उनके पिता अपने दो छोटे बच्चों ऑरविल और विल्बर के लिए एक खिलौना हेलीकॉप्टर लेकर आये। यह खिलौना फ्रांसीसी शोधकर्ता अल्फोंस पेनॉड के शोध के आधार पर बनाया गया था। इसे कागज, बाँस और कॉर्क की मदद से बनाया गया था और रबर का भी इस्तेमाल किया गया था। इसकी लंबाई एक फुट थी। दोनों भाइयों इससे इतना खेले कि वह टूट गया। लेकिन उन्होंने इसकी मरम्मत कर इसे फिर से ठीक कर दिया। उन्होंने बड़ी उम्र में स्वीकार किया कि यही वह खिलौना था, जिसने उन्हें हवाई जहाज की खोज के लिए प्रेरित किया। गौर करने वाली बात यह भी है कि दोनों भाइयों ने हाई स्कूल तक पढ़ाई की, लेकिन स्कूल पास डिप्लोमा हासिल नहीं कर सके। विल्बर ने हाई स्कूल में चार साल बिताए, लेकिन अपने पिता के एक स्थान से दूसरे स्थान पर चले जाने के कारण उन्हें डिप्लोमा नहीं मिल सका। विल्बर को 16 अप्रैल 1994 को मरणोपरांत डिप्लोमा से सम्मानित किया गया, यदि वह जीवित होते तो यह उनका 127वाँ जन्मदिन होता।

विल्बर को खेल खेलने का बहुत शौक था और 1885-86 में विल्बर अपने दोस्तों के साथ आइस स्केटिंग कर रहे थे, तो उनके मुँह में हॉकी स्टिक लग गयी और इस दुर्घटना में उनके सामने के दाँत टूट गये। अत्यंत उत्साही खिलाड़ी होने के बावजूद, दुर्घटना के बाद वह गुमसुम हो गये। वह येल विश्वविद्यालय में दाखिला लेने की सोच रहे थे, लेकिन वह वहाँ नहीं गए, इसलिए वह कई वर्षों तक घर पर बैठे रहे और अपनी माँ की सेवा करते रहे, जो टाइफाइड नामक घातक बीमारी से बुरी तरह प्रभावित थी। इन वर्षों के दौरान उन्होंने अपने पिता की निजी लाइब्रेरी से कई किताबें पढ़ीं। यदि वह पढ़ने के लिए विश्वविद्यालय जाता तो उसका जीवन कुछ और होता। जब उनके पिता का ब्रदरन चर्च के साथ विवाद चल रहा था तो उन्होंने उनकी मदद की। लेकिन वह खुद से इतना खुश नहीं था क्योंकि उसका अपना कोई लक्ष्य नहीं था।

ऑरविल ने हाई स्कूल में केवल तीन साल बिताए और फिर 1889 में प्रिंटिंग व्यवसाय शुरू किया। उन्होंने अपने भाई विल्बर की मदद से प्रिंटिंग प्रेस का डिजाइन और निर्माण स्वयं किया। अब विल्बर भी अपने भाई के साथ जुड़ गए और मार्च महीने में उन्होंने एक साप्ताहिक समाचार पत्र वेस्ट साइड न्यूज शुरू किया जिसके विल्बर संपादक बने और ऑरविल प्रकाशक। अप्रैल में, उन्होंने अखबार को दैनिक समाचार पत्र बना दिया और इसका नाम "इवनिंग आइटम" रख दिया। लेकिन यह अखबार केवल चार महीने तक ही चल सका। इसके बाद उन्होंने इस बिजनेस को बड़े पैमाने पर करने का फैसला किया।

उनका एक ग्राहक बन गया, जो कि ऑरविल का सहपाठी और मित्र, एक अंतर्राष्ट्रीय स्तर पर एक लेखक और कवि के रूप में जाने गये। उनका नाम पॉल लॉरेंस डनबर था। वह अफ्रीकी-अमेरिकी थे। कुछ समय के लिए, राइट बंधुओं ने एक साप्ताहिक समाचार पत्र, डेटन टैटलर भी प्रकाशित किया, जिसके संपादक पॉल लॉरेंस डनबर थे।

उस समय साइकिल लोगों के लिए नया शौक बनकर खड़ी थी। अब दोनों भाइयों ने साइकिल बेचने और साइकिल मरम्मत की दुकान शुरू की। यह तारीख दिसंबर 1892 की है और दुकान का नाम "राइट साइकिल एक्सचेंज" था, जिसे बाद में "राइट साइकिल कंपनी" नाम दिया गया। 1896 में उन्होंने अपनी साइकिलें बनाना शुरू किया। वे मुनाफे का सारा पैसा अपने हवाई जहाज के अनुसंधान पर खर्च करते थे। 1890 के दशक की शुरुआत या मध्य में, उन्होंने जर्मनी में एक अखबार या पत्रिका में ओटो लिलिएनथाल के ग्लाइडर की तस्वीरें प्रकाशित देखीं।

1896 में हवाई जहाज के मामले में तीन महत्वपूर्ण घटनाएँ घटीं। मई में स्मिथसोनियन इंस्टीट्यूशन के सचिव सैमुअल लैंगली ने बिना पायलट के इंजन और पंखों वाला हवाई जहाज उड़ाकर दिखाया। उसी वर्ष के मध्य में, शिकागो के इंजीनियर ऑक्टेव चैन्यूट ने मिशिगन नदी के किनारे ग्लाइडर के साथ कई प्रयोग किए। इसी साल अगस्त में लिलिएनथाल की ग्लाइडर गिरने से मौत हो गई थी। इन घटनाओं का राइट बंधुओं पर बहुत प्रभाव पड़ा, विशेषकर लिलिएनथाल की मृत्यु का। बाद में उन्होंने कहा कि इस मौत ने उन्हें इस शोध के प्रति और अधिक गंभीर बना दिया। विल्बर ने बाद में कहा:-- "निस्संदेह लिलिएनथाल एक महान आविष्कारक थे और दुनिया उनकी ऋणी है।" मई 1899 में, विल्बर ने स्मिथसोनियन इंस्टीट्यूशन को हवाई खोजों के बारे में सारी जानकारी भेजने के लिए लिखा। उसी वर्ष, दोनों भाइयों ने सर जॉर्ज केली, चैन्यूट लिलियनथन, लियोनार्डो दा विंची और लैंगली की खोजों के बारे में जानकारी के साथ प्रयोग करना शुरू कर दिया। दोनों भाइयों ने हमेशा बाहरी दुनिया को अपनी खोजों के बारे में यह दर्शाया कि ये उन दोनों की हैं, किसी एक की नहीं। कुछ लोगों का मानना है कि दरअसल इन खोजों को लिखने का काम विल्बर ने शुरू किया था और बाद में उनके भाई ऑरविल ने उनके साथ गंभीरता से काम करना शुरू किया। उनके जीवनी लेखक जेम्स टोबिन ने दावा किया:- "ऑरविल विल्बर की तरह तेज-तर्रार नहीं थे। यह विल्बर ही था जिसने इस दिशा में शुरुआत की और वह ही स्टोर के पिछले कमरे में प्रयोग करता रहा और सम्मेलनों, साहूकारों, राष्ट्रपतियों और राजाओं को अपने शोध के बारे में बताता रहा। वह शुरू से अंत तक इस पूरे शोध के

अगुआ थे।"

हालाँकि लिलिएनथाल की मृत्यु हो गई थी, राइट बंधुओं ने उनके विचारों पर काम करना जारी रखने का फैसला किया। अक्टूबर 1899 को जब ब्रिटिश खोजकर्ता पर्सी पिल्चर की भी ग्लाइडर में मृत्यु हो गई, तो राइट बंधुओं को उनके विचारों को और अधिक बल मिला कि उड़ान के लिए सुरक्षा बहुत महत्वपूर्ण है। अब उन्हें पंखों और इंजन की अच्छी समझ हो गई थी, लेकिन तीसरी समस्या उड़ते समय उन्हें नियंत्रण में रखने की थी, और इन दोनों भाइयों के तत्कालीन आविष्कारक, एडर मैक्सिम और लैंगली में यही एकमात्र अंतर था। राइट बंधुओं ने पक्षियों की उड़ान का अध्ययन किया, कि वे बाएँ, दाएँ, ऊपर और नीचे कैसे चलते हैं और साइकिल चलाने में संतुलन कैसे बनाए रखा जाता है। इस समस्या को हल करने के लिए वे दिन-रात सोचते रहे और एक दिन उन्होंने इनर लेबी चैनल घुमा दिया और एक दिन विल्बर ने खाली बैठे-बैठे अपनी साइकिल की दुकान में एक लंबा इनर चैनल घुमा दिया। पायलट के पास विमान का पूरा नियंत्रण कैसे हो, इसकी समस्या हल हो गई।

कुछ जीवनीकारों का मानना है कि 1902 तक की सभी ग्लाइडर उड़ानें विल्बर द्वारा की गईं, क्योंकि वह बड़ा भाई था और अपने छोटे भाई ऑरविल को चोट लगने से बचाना चाहता था ताकि उसे अपने पादरी पिता से डाँट न खानी पड़े। वह अपने शोध में इतनी बार असफल हुए कि एक बार विल्बर ने निराशा के सागर में डूबते हुए अपने भाई ऑरविल से कहा:- "मनुष्य एक हजार वर्ष तक भी उड़ नहीं सकता।"

लेकिन बाद में वे बहुत कम खर्च और बहुत ही कम समय में ऐसी सफलता प्राप्त की जो पहले किसी ने नहीं की थी। 23 मार्च, 1903 को राइट बंधुओं ने उड़ने वाली मशीन के पेटेंट के लिए आवेदन किया।

गौर करने वाली बात यह भी है कि दोनों भाइयों के शोध सिद्धांतों पर अक्सर तीखी बहस होती रहती थी, कि कौन सा सिद्धांत सही है या गलत।

विल्बर ने 24 जून, 1903 को वेस्टर्न सोसाइटी ऑफ इंजीनियर्स में दूसरी बार अपनी खोजों के बारे में भाषण दिया, लेकिन अपने सभी रहस्यों का खुलासा नहीं किया।

उनकी परवरिश का असर था कि जब वह सफल हो गए तो उन्होंने अपने पिता को फोन करके इस खोज के बारे में अखबार को बताने के लिए कहा, लेकिन ड्रेटन जर्नल ने यह खबर यह कहकर छापने से इनकार कर दिया कि यह कोई महत्वपूर्ण खबर नहीं है। भाइयों की अस्वीकृति के बावजूद, टेलीऑपरेटर बाबू ने वर्जीनिया

अखबार को खबर दी, जिसने एक लेख तैयार किया, जो त्रुटियों से भरा हुआ था। अगले दिन, कई अखबारों ने भी वही लेख प्रकाशित किया, जिसमें ड्रेटन जर्नल भी शामिल था। लेकिन जब जनवरी में राइट बंधुओं ने अखबारों में तथ्यात्मक बयान दिये तो लोगों ने हवाई जहाज की उड़ान के बारे में कोई दिलचस्पी नहीं दिखायी। सिर्फ पेरिस-फ्रांस ने ही इस खबर को गंभीरता से लिया। 17 दिसंबर, 2003 को 100 साल की सालगिरह का जश्न मनाते हुए, केविन कोचर्सबर्गर ने उस समय के राइट बंधुओं के हवाई जहाज की नकल करके उनकी तरह उड़ने की कोशिश की, लेकिन वह राइट बंधुओं की प्रतिभा का मुकाबला नहीं कर सके।

राइट बंधु बहुत विनम्र थे, क्योंकि वे अपनी खोजों को प्रचारित नहीं करना चाहते थे और इसलिए शायद ही कभी पत्रकारों को अपने अनुभवों के बारे में बताते थे। अपनी सफलता के बाद, उन्होंने साइकिल व्यवसाय छोड़ने और हवाई जहाज बनाने का काम शुरू करने का फैसला किया। लेकिन उनके पास न तो इतना पैसा था और न ही सरकार से कोई पैसा मिलने की उम्मीद थी क्योंकि ऐसी स्थिति एडर, मैक्सम, लैंगली और सैंटोस-ड्यूमॉन्ट के साथ पहले ही हो चुकी थी। लेकिन राइट बंधुओं की यह मजबूरी थी कि जो खोज इतने वर्षों तक कड़ी मेहनत और असफलताओं के बाद मिली है, वे इसे कैसे भूल सकते थे। यह उनकी रोजी रोटी का सवाल था। उनका इरादा अपने शोध के रहस्यों को अपने तक ही सीमित रखने का था और उनके पेटेंट वकील हेनरी टॉलमिन ने भी इसकी पुष्टि की। हवाई जहाज पर प्रयोग के दौरान ऑरविल की हड्डियाँ भी टूट गईं और वह मरने से बाल-बाल बचा था।

"साइंटिफिक अमेरिकन" पत्रिका के संपादक ने भी शोध के बारे में खबर छापने से इनकार कर दिया। कई लोगों ने इस खोज को संदेह की दृष्टि से देखा।

बाद में ड्रेटन अखबारों ने गर्व से रिपोर्ट दी कि ये राष्ट्रीय नायक हमारे शहर से थे, लेकिन जब उन्होंने खोज की थी तो उनकी निंदा की गई थी और उनका मजाक उड़ाया गया था। ड्रेटन डेली न्यूज के मालिक जे. एम. कॉक्स ने वर्षों बाद स्वीकार किया कि "असल बात तो यह है कि हमने हवाई जहाज के आविष्कार में विश्वास ही नहीं किया था।" विनम्र होने और अपने शोधों के बारे में शोर न मचाने के कारण, जब वे अपने प्रयोग दिखाते थे तो वे पत्रकारों को भी आमंत्रित नहीं करते थे और इसी कारण उन्हें ज्यादा नोटिस नहीं मिला। उन्होंने अमेरिका, फ्रांस, ब्रिटेन और जर्मनी की सरकारों से लिखित दस्तावेज बनाने को कहा, लेकिन सभी ने यह कहकर मना कर दिया कि पहले हमें विमान उड़ाकर दिखाओ। उन बेचारे भाइयों को डर था कि कोई और उनके विचारों की नकल न कर ले और वे हाथ मलते न

रह जायें। इसीलिए वे जिद कर रहे थे कि पहले अनुबंध किया जाए फिर प्रदर्शनी लगाकर दिखाएँगे। यहाँ तक कि उन्होंने अपने हवाई जहाज की एक तस्वीर भी छिपाकर रखी थी।

1906 में, यूरोपीय विमानन समुदाय ने समाचार पत्रों से राइट बंधुओं के आविष्कार के खिलाफ प्रचार करने का आग्रह किया, खासकर फ्रांस में। यहाँ तक कि "न्यूयॉर्क हेराल्ड" के पेरिस संस्करण ने 10 फरवरी, 1906 को एक संपादकीय में लिखा था:- "राइट बंधुओं ने हवाई जहाज उड़ाया हो या नहीं उड़ाया हो। चाहे उनके पास उड़ने वाली मशीन हो या नहीं, सच्चाई यह है कि वे या तो झूठे हैं, या गप्पे मारने वाले हैं, उड़ना बहुत मुश्किल है, बस "हम उड़ रहे हैं" यह कहना आसान है।" सच्चाई बहुत कड़वी होती है और जब राइट बंधुओं ने 1908 में फ्रांस में हवाई जहाज उड़ाकर दिखा दिया तो बाद आर्कडेकॉन ने खुलेआम स्वीकार किया कि उन्होंने राइट बंधुओं के साथ बहुत अन्याय किया है।

दोनों भाइयों ने अमेरिकी युद्ध विभाग, ब्रिटिश युद्ध कार्यालय और फ्रांसीसी सिंडिकेट से संपर्क किया, लेकिन उनकी प्रतिक्रिया थी कि मशीन को पहले पायलट के साथ क्षैतिज उड़ान भरने के लिए डिजाइन किया जाना चाहिए।

ऑरविल राइट ने मई 1908 में लिखा था कि उन्होंने 1906 और 1907 के वर्ष नई मशीनें विकसित करने और वाणिज्यिक अनुबंधों पर बातचीत करने में बिताए। 23 मार्च, 1908 को राइट बंधुओं को एक फ्रांसीसी कंपनी से हवाई जहाज का अनुबंध प्राप्त हुआ।

एक खेल के रूप में ग्लाइडिंग की शुरुआत 1920 के दशक में हुई। ऑरविल राइट एक बार उड़ान दुर्घटना में घायल हो गए, जिससे उनका बायाँ पैर टूट गया, कूल्हे की तीन हड्डियाँ टूट गईं और उनका कूल्हा अपनी जगह से हट गया। उनकी बहन कैथरीन ने सात सप्ताह तक अस्पताल में उनकी देखभाल की और सेना के साथ एक और साल का अनुबंध भी किया। ऑरविल को जब उसका एक दोस्त उससे मिलने आया तो वह कहने लगा, ''क्या अब उड़ने से डर लगता है?'' ऑरविल थोड़ा भ्रमित था और कहने लगा, "डर गया? मुझे केवल इस बात का डर है कि मैं जल्दी-जल्दी ठीक क्यों नहीं होता, ताकि अगले साल बाकी अनुभव कर सकूँ।"

विल्बर राइट पर अपने भाई की दुर्घटना का बुरा असर पड़ा, लेकिन इसने उन्हें और अधिक सफल हवाई जहाज उड़ानें बनाने के लिए और भी अधिक दृढ़ बना दिया। विल्बर को 28 सितंबर 1908 को कमीशन ऑफ एविएशन पुरस्कार से सम्मानित किया गया, उसके बाद 31 दिसंबर 1908 को कूप मिशेलिन से सम्मानित किया गया। जनवरी 1909 में ऑरविल और उनकी बहन कैथरीन की

मुलाकात फ्रांस में विल्बर से हुई और अब ये तीनों लोग दुनिया के सबसे प्रसिद्ध लोग थे। ब्रिटेन के राजा-रानी, स्पेन का शाही परिवार और इटली की राजशाही भी विल्बर को विमान उड़ाते देखने के लिए आई।

13 मई 1909 को जब तीनों भाई-बहन अमेरिका वापस आये, तो राष्ट्रपति टैफ्ट ने उन्हें व्हाइट हाउस में आमंत्रित किया और 10 जून, 1909 को उन्हें कई सम्मान प्रदान किये। डेटन के लोगों ने 17 और 18 जून को उनकी घर वापसी का जश्न मनाया।

अमेरिकी सेना के साथ उनका अनुबंध सफल रहा और जहाँ उनका विमान चालीस मील प्रति घंटे से अधिक की उड़ान भरता था, वहाँ उन्हें 25,000 डॉलर के साथ-साथ 2,500 डॉलर प्रत्येक मील के लिए उस उड़ान के लिए भुगतान किया जाता था। सितंबर 1909 में ऑरविल और कैथरीन जर्मनी गए और हवाई जहाज उड़ाकर दिखाया। 4 अक्टूबर 1909 को विल्बर ने न्यूयॉर्क में दस लाख लोगों के सामने हवाई जहाज उड़ाकर दिखाया।

25 मई, 1910 को दोनों भाई अपने पिता की अनुमति से एक साथ विमान में उड़े, क्योंकि उन्होंने अपने पिता से वादा किया था कि वे एक साथ विमान नहीं उड़ाएँगे, क्योंकि अगर कोई दुर्घटना हो गई, तो यह बहुत बड़ी जानलेवा बात होगी। दो बेटों को खोना कहीं अधिक दुखद होता। इसीलिए वह अकेले ही उड़ान भरते थे ताकि यदि एक की दुर्घटनावश मृत्यु हो जाए तो दूसरा भाई इस खोज को बेहतर बना सके। जब ऑरविल अपने जीवन में पहली बार अपने 82 वर्षीय पिता मिल्टन राइट को हवाई जहाज में ले गया, और हवाई जहाज 350 फीट तक उड़ गया, तो बूढ़े पिता अपने बेटे से कह रहे थे, 'ऑरविल, इसे ऊँचा उड़ाओ, और ऊँचा उड़ाओ।"

1903 में राइट बंधुओं ने पेटेंट के लिए आवेदन किया लेकिन उन्हें मंज़ूरी नहीं मिली, लेकिन बाद में 22 मई 1906 को जब उन्होंने दूसरी बार आवेदन किया तो पेटेंट मंज़ूर हो गया। मार्च 1904 में फ्रांस ने दोनों भाइयों का आवेदन स्वीकार कर लिया।

ग्लिन कर्टिस ने अपने लाभ के लिए राइट बंधुओं के सिद्धांत का उपयोग करना शुरू कर दिया। दोनों भाइयों ने उसे ऐसा न करने की चेतावनी भी दी और अगर ऐसा करना है तो उनकी कंपनी से लाइसेंस ले ले, लेकिन वह नहीं माना। कर्टिस तब अलेक्जेंडर ग्राहम बेल की कंपनी, एरियल एक्सपेरिमेंट एसोसिएशन के सदस्य थे। दोनों भाइयों को यह केस एक साल तक लड़ना पड़ा। इन दोनों भाइयों को अपने पेटेंट के लिए यूरोपीय देशों में मुकदमे लड़ने पड़े थे।

Orville Wright

Wilbur Wright

1910 से 1912 तक विल्बर राइट को वकीलों से बातचीत करने और मुकदमे लड़ने के लिए एक स्थान से दूसरे स्थान की यात्रा करनी पड़ी और टाइफाइड से उनकी मृत्यु हो गई। इन मुकदमों से न केवल दोनों भाइयों को परेशानी हुई बल्कि वे विमानों के डिजाइन को सुधारने में भी समय नहीं दे सके। ऑरविल और कैथरीन दोनों को दृढ़ विश्वास था कि उनके प्रतिभाशाली भाई विल्बर की असामयिक मृत्यु इन मुकदमों के कारण हुई थी। मुकदमों और लोगों से मिलने-जुलने से विल्बर को बहुत तनाव और थकान होने लगी।

जनवरी 1914 तक, अमेरिकी सर्किट कोर्ट ने उनके पक्ष में और कर्टिस के खिलाफ फैसला सुनाया था, लेकिन तब तक वे अपने वैज्ञानिक और प्यारे भाई को खो चुके थे। ऑरविल अब मुकदमों, विवादों, ईर्ष्या से तंग आ चुका था और अब वह अपने ही पेटेंट से पीछे हट गया। अब इसका फायदा अन्य फसली बटेर जैसी कंपनियाँ भी उठाने लगीं। यहाँ तक कि वो ये भी सोच रहे थे कि वो इस कंपनी को बेचकर प्रसिद्ध हो जाऊँ। यह 1915 की बात है, लेकिन प्रथम विश्व युद्ध के दौरान अमेरिकी सरकार के आग्रह पर कंपनी को मल्टी-कंपनी बना दिया गया। जिसमें संबद्ध कंपनियों ने शुल्क का भुगतान किया। 1929 में कर्टिस भी इसमें शामिल हो गए और कंपनी "कर्टिस-राइट कॉर्पोरेशन" बन गई।

इस सारी परेशानी ने आम जनता में राइट बंधुओं की प्रतिष्ठा को बुरी तरह ठेस पहुँचाई। पहले दोनों भाइयों को "हीरो" कहा जाता था, पर अब लोग उन्हें "लालची"

और "अन्यायी" कहने लगे कि यूरोप के खोजकर्ता उनकी तुलना में उदार-दिल थे। दोनों भाइयों के समर्थकों का कहना था कि वे अपने शोध और मेहनत को बचा रहे हैं, वहीं कई अन्य उनके शोध को हड़प रहे थे, यहाँ तक कि उनके दस साल पुराने दोस्त ऑक्टेव चैन्यूट भी उनके खिलाफ बोलने लगे कि उन्हें उनका वाजिब हक नहीं दिया गया। स्मिथसोनियन इंस्टीट्यूशन ने भी भाइयों की कंपनी के खिलाफ मुकदमा शुरू किया, जिसे कई वर्षों बाद स्वीकार किया गया कि वह गलत था।

विल्बर और ऑरविल की कभी शादी नहीं हुई थी। विल्बर ने एक बार कहा था, "उनके पास दो चीजों के लिए समय नहीं है, एक पत्नी और एक हवाई जहाज।" मुकदमेबाजी से दुखी होकर विल्बर अपने एक फ्रांसीसी मित्र को पत्र में लिखते है:- "अगर हम दोनों भाई इन मुकदमेबाजी से दूर अपने प्रयोगों पर समय बिता सकते, तो अच्छा होता। हम इसीलिए बहुत दुखी हैं। चीजों से निपटना आसान है, लेकिन मनुष्यों के साथ निपटना मुश्किल है। कोई भी आदमी इस तरह जिंदगी बसर नहीं कर सकता, जैसा वह चाहे चाहता है।"

जब विल्बर यूरोप में मुकदमेबाजी से जूझ रहा था, तो परिवार ने फैसला किया कि परिवार के लिए एक बड़ा घर बनाया जाए, जिसे प्यार से "हॉथोर्न हिल" नाम दिया गया था, कैथरीन और ऑरविल घर की देखरेख कर रहे थे और उन्होंने विल्बर ने इच्छा व्यक्त की कि उसका अपना बाथरूम और अपना कमरा हो। लेकिन इस घर के बनने से पहले ही विल्बर ने हम सबको अलविदा कह दिया। 30 मई, 1912 को 45 साल की उम्र में उनका निधन हो गया। उनके पिता ने उनकी मृत्यु पर लिखा:- "एक छोटा सा जीवन, जिसमें कई घटनाएँ हुईं। मार्क की सूझबूझ, शांत स्वभाव का मालिक, आत्मविश्वासी, शांत और विनम्र, स्पष्ट दृष्टि वाला और इसे हासिल करने के लिए दृढ़ संकल्प वाला, उसने जीवन जिया और चल बसा।"

विल्बर की मृत्यु के बाद ऑरविल कंपनी के अध्यक्ष बने और 1914 में उन्हें कोलियर ट्रॉफी से सम्मानित किया गया। ऑरविल राइट अपने भाई की तरह व्यवसायी नहीं थे और इसलिए उन्होंने 1915 में कंपनी बेच दी। 42 साल और 7 महीने हॉथोर्न स्ट्रीट ऑरविल में रहने के बाद, कैथरीन, उनके पिता मिल्टन और ऑरविल राइट 1914 में अपने नवनिर्मित घर में चले गए। 3 अप्रैल, 1917 को, 88 वर्ष की आयु में, मिल्टन राइट लंबा जीवन जीने के बाद नींद से नहीं उठ सके। मिल्टन को पढ़ने-लिखने के साथ-साथ सुबह की सैर का भी शौक था। महिलाओं को समान अधिकार दिलाने के लिए वह अपनी बेटी ऑरविल और कैथरीन के साथ सफरेज परेड में भी गए।

1918 में, ऑरविल ने अपने व्यवसाय से संन्यास ले लिया और हवाई जहाज से संबंधित कई समितियों और बोर्डों के सदस्य बन गए। जब उनकी बहन कैथरीन ने 1926 में हेनरी हास्किल से शादी की तो ऑरविल राइट इस बात से क्रोधित थे कि उनकी बहन ने उनके साथ विश्वासघात किया और उन्हें धोखा दिया। वह इतना दुखी था कि उसने अपनी बहन की शादी में हिस्सा नहीं लिया और बाद में उसे कभी बुलाया भी नहीं। आखिरकार, परिवार के बाकी सदस्यों के आग्रह पर, वह उसे देखने गए, जब वह निमोनिया से मर रही थी। 3 मार्च 1929 को कैथरीन की मृत्यु हो गई।

1930 में, ऑरविल राइट को डेनियल गुरानहेम मेडल से सम्मानित किया गया था। 1936 में उन्हें राष्ट्रीय विज्ञान अकादमी का सदस्य बनाया गया। 1939 में अमेरिकी राष्ट्रपति फ्रैंकलिन रूजवेल्ट ने ऑरविल के जन्मदिन को राष्ट्रीय विमानन दिवस घोषित किया।

द्विवतीय विश्व युद्ध में विमान बमबारी से हुई तबाही के बारे में उन्होंने एक साक्षात्कार में कहा:- "हमने तो उस मशीन का आविष्कार किया था जिससे दुनिया में शाश्वत शांति आएगी। लेकिन हम गलत साबित हुए। नहीं, लेकिन मुझे इस मशीन के आविष्कार पर अफसोस नहीं है। शायद कोई और इस आपदा की उतनी निंदा नहीं करता, जितनी मैं करता हूँ। मैं जहाज को भी आग की तरह देखता हूँ, जिसका अर्थ है कि आग से होने वाली क्षति का मुझे बहुत दुख होता है। लेकिन यही आग मानव-जाति के लिए बहुत अच्छी है, यह हमारे लाभ के लिए है, जिसकी हजारों महत्वपूर्ण चीजों में आवश्यकता होती है।"

ऑरविल की उनके भाई विल्बर के 35 वर्ष बाद 76 वर्ष की आयु में, 30 जनवरी 1948 को दिल का दूसरा दौरा पड़ने से मृत्यु हो गई। इन भाइयों की वजह से ही उन्होंने अपने जीवन को घोड़ागाड़ी से शुरू करके ऊँची उड़ान में बदल दिया। जॉन टी. डेनियल, जिन्होंने अपनी पहली प्रसिद्ध उड़ान तस्वीर ली थी, ऑरविले की मृत्यु के अगले दिन उसका निधन हो गया।

ओहियो और उत्तरी कैरोलिना दोनों को राइट बंधुओं पर गर्व है। ओहियोवासियों का दावा है:- विमानन का जन्मस्थान "ओहियो लाइसेंस प्लेट" पर उत्कीर्ण है।

उत्तरी कैरोलिना चिल्लाता है:- उड़ान में प्रथम।

जहाँ से नासा ने मंगल ग्रह के लिए INGENUITY HELICOPTER के लिए जिस क्षेत्र का उपयोग किया था, उस क्षेत्र को 2021 में राइट ब्रदर्स फील्ड नाम दे दिया गया। जो INGENUTIY हेलीकॉप्टर मंगल ग्रह पर भेजा गया है, उसके एक पंख पर, वह कपड़ा बांधा गया जो राइट ब्रदर्स द्वारा 1903 में राइट फ्लायर के लिए

इस्तेमाल किया गया था। 1969 में, जब अपोलो 11 मिशन में नील आर्मस्ट्रांग लूनर मॉड्यूल ईगल को चंद्रमा पर ले गए, तो राइट बंधु का कपड़ा अपने साथ ले गए।

मुझे लगता है कि यह अमेरिकी लोगों की उदारता है, जिन्होंने अपने आविष्कारकों को इतना गौरव दिया है। विल्बर राइट का जन्म 16 अप्रैल, 1867 को हुआ और उनका निधन 30 मई, 1912 को हुआ। जबकि उनके छोटे भाई ऑरविल राइट का जन्म 19 अगस्त 1871 को हुआ था और 30 जनवरी 1948 को वे हमें हमेशा के लिए छोड़ कर चले गये।

हम हर दिन हवाई जहाज में यात्रा करते हैं और हमें शायद कभी उन भाइयों के दुखों और तकलीफों का एहसास नहीं हुआ होगा, जिन्होंने ये खोजें कीं हैं। दूसरी ओर, यह भी बात है कि उनके देशवासी आज भी उन्हें नहीं भूले हैं और उनके शोध के लिए उनका पूरा सम्मान करते हैं। मैं चाहता हूँ! मेरे अपने देश में भी वैज्ञानिकों की कद्र इसी प्रकार की जानी चाहिए।

***

14

चार्ल्स डार्विन

चार्ल्स रॉबर्ट डार्विन के विकासवाद के सिद्धांत और उनकी पुस्तक "ओरिजिन ऑफ स्पीशीज" पर दुनिया में जितनी बहस छिड़ी है, उतनी अभी तक किसी भी सिद्धांत या किताब पर नहीं हुई है। यह बहस पीढ़ियों तक जारी रहेगी। डार्विन ने अपनी प्रसिद्ध पुस्तक 'ओरिजिन ऑफ स्पीशीज' 11 सितंबर 1859 को पूरी की और यह 24 नवंबर 1859 को प्रकाशित हुई। पहली बार 1250 प्रतियाँ छपीं और प्रकाशन के दिन ही बिक गईं। विकासवाद का सिद्धांत तब आम जनता के लिए

एक अजीब चीज थी, इसलिए इस पर बहुत चर्चा होने लगी। इसका अधिक विरोध चर्च, ईसाई धर्म के अनुयायियों की ओर से हुआ और वह सिंहासन आज तक हिल गया है। जो धार्मिक पुस्तकें, धर्मग्रंथ और "ईश्वर के पास पहुँचे" लोग दावा करते थे कि "ईश्वर" ने मनुष्य को अमुक दिन बनाया था, डार्विन ने इसका खोखलापन उजागर किया।

ईसाई धर्म में यह आम बात थी कि मनुष्य और जानवर "ईश्वर" द्वारा बनाए गए हैं। उस समय कोई भी पुजारी या उनके गुरु-घंटाल बिशप यह बात सुनना बर्दाश्त नहीं कर सकते थे कि मनुष्य का विकास वानर-वर्ग से हुआ है। जून 1860 में ब्रिटिश एसोसिएशन ने इस सिद्धांत पर विचार करने के लिए एक जीवंत बैठक की और उस बैठक में एक बड़ी सभा आयोजित की गई।

संपूर्ण धार्मिक समुदाय 'विकासवाद के सिद्धांत' के विरुद्ध था और लगभग सभी शीर्ष वैज्ञानिक इसके पक्ष में थे। जिस हॉल में सभा हुई, वह खचाखच भरा हुआ था, तिल रखने की भी जगह नहीं थी। मंच के एक ओर ऑक्सफोर्ड के प्रसिद्ध बिशप विल्बरफोर्स तथा दूसरी ओर डार्विन के समर्थक वैज्ञानिक हुकर तथा हक्सले बैठे थे। डार्विन अपने शर्मीले स्वभाव के कारण बैठक में शामिल नहीं हुए। डार्विन बेहद शांत और विनम्र व्यक्तित्व वाले शारीरिक रूप से कमजोर व्यक्ति थे। वह धार्मिक लोगों से उलझना नहीं चाहते थे।

बैठक में सबसे पहले बिशप साहब बोले। कोई तर्क या अंतर्दृष्टि नहीं बोली गई। केवल ताने और कटाक्ष करना जारी रखा। बिशप साहब वैज्ञानिक हक्सले की ओर मुड़े और बोले, "क्या आप अपने दादा या दादी के माध्यम से पिता बंदर से संबंधित हैं?" आखिर में यह कहा, "डार्विन जो कहते हैं, वह पूरी तरह से बाइबल के विरुद्ध है।" और फिर बैठ गये।

पादरी और भीड़ ने जमकर जय-जयकार की। जो महिलाएँ वहाँ बैठी थीं, उन्होंने अपने रूमाल ऐसे लहराए जैसे कि उनकी जीत गई हो। अब सभी दर्शकों की निगाहें हक्सले पर थी। अध्यक्ष ने उनसे बोलने को कहा। हक्सले खड़े हुए और बोले, "मैं विज्ञान का समर्थक हूँ। मैंने बिशप साहब के भाषण को बहुत ध्यान से सुना है, लेकिन मुझे कोई ऐसी दलील नहीं मिली, जो 'विकासवाद सिद्धांत' के खिलाफ हो। आप कहते हैं कि मेरा यह सिद्धांत निर्माता ईश्वर को सृष्टि से हटा देता है। लेकिन आप जानते हैं कि मनुष्य पदार्थ की एक बूँद से पैदा होता है और वह ही विकास करके एक बड़ा आदमी बन जाता है। बाकी बात यह है कि मेरे पुरखे बंदर थे, इसकी मुझे कोई शर्म नहीं है। यह प्रकृति का नियम है और इसी में जीवन की सफलता निहित है। शर्म की बात तो यह है कि मैं ऐसे महान व्यक्ति के साथ

बैठा हूँ, जो झूठ और अंधविश्वास का प्रचारक बन गया है।"

इस उतर पर बिशप मुस्कुराते रहे, लेकिन उनके साथी पादरी गुस्से में शाप देने लगे और उनकी शिष्या लेडी ब्रूस्टर तो बेहोश हो गई और उन्हें कमरे से बाहर ले जाना पड़ा।

इन दोनों के बाद कैप्टन फिट्जरॉय उठे। बाइबिल को हाथ में हिलाते हुए वह कहने लगा, "यह ईश्वर का आदेश है। इसके विरुद्ध जो कुछ भी बोलेगा वह कुफ्र है।" साथ ही, उसे अपने लिए खेद महसूस करने दें कि, "इस काफिर (डार्विन) को अपने साथ ले जाकर मुझे कितना अपयश सहना पड़ा है।" इसके बाद और भी कई लोग बोले और अंत में सर हुकर उठे। चार घंटे तक बहस चलती रही। एक तरफ तो वहम-भ्रम और दूसरी तरफ विज्ञान। कोई माने या न माने, आखिर जीत तो विज्ञान की ही होनी थी। जब भी डार्विन के समर्थक किसी गहरी बहस में फँसते तो प्रशंसा डार्विन को मिलती और अगर गालियाँ पड़तीं, तो वह भी डार्विन को पड़ती। पर महान वैज्ञानिक डार्विन अपनी खोज में दृढ़ता से लगा रहा।

एक किताब उसने 1862 में, दूसरी 1869 में और 1871 में प्रकाशित की। उन्होंने मानव जन्म के विषय पर एक और किताब प्रकाशित की। जिसमें उन्होंने सिद्ध किया कि मनुष्य सबसे बड़ा यति है और वह वानर समुदाय का एक उच्च सदस्य है।

डार्विन की सफलता का राज एक तो उनका दृढ़ संकल्प था और दूसरा, वह हर चीज को बारीकी से देखते थे और उसकी तह तक जाने की कोशिश करते थे। इस युग में क्रांति लाने वाले और धर्म की नींव हिला देने वाले महान वैज्ञानिक चार्ल्स रॉबर्ट डार्विन का जन्म 12 फरवरी, 1809 को इंग्लैंड के श्रुस्बरी में हुआ था। डार्विन के पिता पेशे से डॉक्टर थे और धन-संपदा से धनी थे। डार्विन के पाँच अन्य भाई-बहन थे और डार्विन पाँचवें नंबर पर थे। डार्विन के पिता इरास्मस डार्विन एक प्रसिद्ध चिकित्सक और कवि थे। डार्विन केवल 8 वर्ष के थे जब उनकी माँ शजाना विस्वुड (1765-1817) ने उन्हें हमेशा के लिए अलविदा कह दिया। डार्विन का पालन-पोषण उनकी बड़ी बहनों और नौकरानियों ने किया। उनकी प्रारंभिक शिक्षा श्रुस्बरी स्कूल में हुई और उन्हें एक छात्रावास में रखा गया।

बचपन से ही उनकी रुचि पढ़ने में कम और तरह-तरह की चीजें इकट्ठा करने में ज्यादा थी। उन्हें कोई भी शंख, कोई सिक्का, कोई चमकदार धातु, कोई भी पौधा इकट्ठा करने में मजा आता था। वह मरे हुए कीड़ों और पक्षियों की जाँच-पड़ताल करता था और उन्हें इकट्ठा करता था। यदि आपको कुछ फुर्सत मिलती, तो बंदूक चला देता, तितलियों और छोटे कीड़े इकट्ठा करने लगता। अपने संग्रह को बढ़ाने

के लिए वह कभी-कभी पक्षियों का शिकार भी करता था। चार्ल्स डार्विन की बड़ी बहन को यह सब पसंद नहीं था। उनके कहने पर उन्होंने यह आदत छोड़ दी क्योंकि वे अपनी बड़ी बहन का बहुत सम्मान करते थे और उन्हें अपनी माँ के समान दर्जा देते थे।

अक्टूबर 1825 में, चार्ल्स अपने भाई इरास्मस के साथ एडिनबर्ग विश्वविद्यालय में चिकित्सा का अध्ययन करने गए। चार्ल्स के पिता और दादा इरास्मस भी एक प्रसिद्ध कवि और प्रसिद्ध चिकित्सक थे। इसीलिए चार्ल्स के पिता चाहते थे कि वह डॉक्टरी का पेशा अपनायें। लेकिन वह चिकित्सा उपचार के प्रति आकर्षित नहीं थे। फिर उस समय कृमिनाशक दवाएँ नहीं बनी थी और सर्जरी होते देख वह भाग गए थे। दयालु स्वभाव के चार्ल्स को चिकित्सा का अध्ययन करना इसलिए भी पसंद नहीं था क्योंकि वह लोगों का दर्द और खून बहता नहीं देख सकते थे। तब चार्ल्स के डॉक्टर पिता ने उन्हें पादरी बनाने का निर्णय लिया। चार्ल्स भी इस अध्ययन के लिए सहमत हुए क्योंकि वह अपने "प्रकृति की खोज के प्यार" को आगे बढ़ाने के लिए स्वतंत्र होंगे। पुरोहिती के लिए अध्ययन करने का निर्णय लेने से पहले, चार्ल्स ने ईसाई धर्म से परिचित होने के लिए ईसाई धर्म पर कई किताबें पढ़ीं। पादरी बनने के लिए यह शर्त थी कि वह इंग्लैंड विश्वविद्यालय से स्नातक की डिग्री उत्तीर्ण करे।

इसीलिए चार्ल्स ने 15 अक्टूबर 1827 को कैम्ब्रिज के क्राइस्ट कॉलेज में दाखिला लिया। इस अध्ययन के लिए ग्रीक भाषा सीखना जरूरी था। जब चार्ल्स छोटे थे, तब उन्होंने ग्रीक भाषा का अध्ययन किया था। लेकिन अब वह भूल गया था। इस कमी को पूरा करने के लिए चार्ल्स को घर पर ही पढ़ाया गया और यही कारण था कि चार्ल्स 26 जनवरी 1828 तक कैम्ब्रिज नहीं पहुँचे। तेज-तर्रार चार्ल्स ने 26 फरवरी 1828 को विश्वविद्यालय के सीनेट हाउस से ग्रीक में दसवीं कक्षा उत्तीर्ण की। अब कॉलेज हॉस्टल के सभी कमरे भरे हुए थे और चार्ल्स को कॉलेज के बाहर एक तंबाकू विक्रेता की दुकान के ऊपर रहना पड़ा।

चार्ल्स कभी भी अग्रणी छात्रों में से नहीं थे क्योंकि उनका दिमाग प्राकृतिक घटनाओं में डूबा हुआ था। उन्होंने कीड़ों, पतंगों को इकट्ठा करने और उनके बारे में सीखने में बहुत समय बिताया और या उन्हें शिकार करना, घुड़सवारी करना, ताश खेलना और तितलियाँ इकट्ठा करना पसंद था।

कैम्ब्रिज में रहने के दौरान उन्होंने हम्बोल्ट द्वारा लिखित अपनी जीवन कहानी पढ़ी और उनके मन में दुनिया भर में घूमने और प्रकृति को देखने की इच्छा पैदा हुई। तभी उन्होंने वनस्पति विज्ञान यानी "पौधों का अध्ययन" के प्रोफेसर

जॉन स्टीवेन्सन हिंसलो के साथ घनिष्ठ संबंध विकसित किया और चार्ल्स उनके शिष्य बन गए। उन्होंने और अधिक सीखने के लिए भूविज्ञान पर व्याख्यान में जाना शुरू कर दिया। प्राकृतिक घटनाओं के बारे में बहुत सारा ज्ञान अब चार्ल्स भी खोजकर्ताओं के एक समूह में शामिल हो गया था। उन्होंने 1831 में बी. ए. डिग्री उत्तीर्ण की। फिर प्रोफेसर एडम मिजविक ने उन्हें पृथ्वी की परतों के बारे में बहुत कुछ समझाया और वह प्रोफेसर के साथ उत्तर वेल्स के दौरे पर गये। लेकिन असली कहानी तब सामने आई जब चार्ल्स के मित्र और प्रोफेसर जॉन स्टीफन हिंसलो ने उन्हें इस बात के लिए आश्वस्त किया कि वह जहाज के साथ अन्वेषण करने का अवसर न चूकें। इस काम की तैयारी अनेक वर्षों से चल रही थी कि एक जहाज दक्षिण अमेरिका और आसपास के द्वीपों का भ्रमण करके वहाँ के पेड़-पौधों और जानवरों को देखकर दुनिया के उस तरफ के बारे में ज्ञान बढ़ाएँ। प्राध्यापक हिंसलो ने सिफारिश की कि "एचएमएस बीगल" नामक जहाज भ्रमण पर जाने वाला था, उसमें चार्ल्स डार्विन को बतौर प्रकृतिवादी स्थान दिया जाए।

हाज के कप्तान फिट्जरॉय ने जब डार्विन को देखा तो उन्हें वह पसंद नहीं आये। यह वही फिट्जराय था, जिसने डार्विन के सिद्धांत का कड़ा विरोध किया था कि "मैं इस काफिर को अपने साथ लेकर यों ही घूमता रहा।"

डार्विन के पिता भी उसे इस यात्रा पर भेजने को तैयार नहीं थे। दोतरफा विरोध के बावजूद, प्रोफेसर हिंसलो के प्रयासों से, डार्विन 27 बिना वेतन के दिसंबर 1831 को वह इस जहाज के सलाहकार बन गया। यह "बीगल" जहाज दक्षिण अमेरिका के अलावा ऑस्ट्रेलिया, न्यूजीलैंड, गैलापागोस द्वीप समूह से और प्रशांत महासागर के अनेक द्वीपों को चले गया। यह दौरा डार्विन के लिए उपलब्धि लेकर आया। उसने दक्षिण अफ्रीका के जीवाश्मों, गैलापागोस के पक्षी, और भी बहुत कुछ देखा और एकत्र किया। उन्होंने पृथ्वी की परतों और पशु-पक्षियों के बारे में खोज की।

इस पाँच साल की यात्रा ने डार्विन को विशेषज्ञ भी बना दिया। इसने न केवल उनका स्वयं का जीवन बदला, बल्कि उन्होंने अपनी सूक्ष्म दृष्टि से की गई खोज से दुनिया के ज्ञान को इतना प्रभावित किया कि दुनिया की एक अलग सोच हो गई। वह अपने निष्कर्षों को अपनी नोट बुक में लिखते थे और अपने विचार एवं अनुभव को भी विस्तार देते रहे। यह उसकी एक दैनिक डायरी थी, जिससे 1839 में एक लोकप्रिय पुस्तक "JOURNAL OF RESEARCHES" को जन्म दिया। इसी पुस्तक का नाम 1905 में "वॉयज ऑफ द बीगल" रखा गया। चार्ल्स ने अपनी खोज यात्रा में भूकंप, आँधी, तूफान, बारिश देखे और सहे थे और इन प्राकृतिक

घटनाओं का असर भी देखा था कि किस प्रकार पानी से जमीन खिसक जाती है। भूकंप कैसे उथल-पुथल मचाते हैं और ये सभी घटनाएँ जानवरों और पक्षियों की संरचना और उनके जीवित रहने के संघर्ष को कैसे प्रभावित करती हैं। चार्ल्स ने प्राकृतिक घटनाओं के साथ होने वाले परिवर्तनों को ध्यान से देखा, विश्लेषण किया और तर्कसंगत नतीजे निकाले। यह करतारी शक्तियों, करन करावनहार स्वामी और करतारी का दावा के खिलाफ एक बड़ी चुनौती साबित हुई, जिसने उन्हें हतप्रभ कर दिया और उनकी सोच को चकनाचूर कर दिया। यह उनके सदियों पुराने गौरव पर घातक आघात था। चार्ल्स ने पाँच खंडों की एक और पुस्तक, "द जूलॉजी ऑफ द वॉयेज ऑफ एच.एम.एस. बीगल" (1838-43) लिख मारी, जिसमें उसने कीड़ों-मकौड़ों के बारे में लिखा।

चार्ल्स ने जमीन खोदकर मृत जानवरों के बारे में शोध किया और कई अहम सवाल उठाए कि इतने लंबे समय के मृत जानवर आज के जानवरों से क्यों मेल खाते हैं? इस संसार में ऐसे जीव, पशु, पक्षी क्यों हैं? और वे भिन्न-भिन्न क्यों हैं? और एक दूसरे से क्यों नहीं मिलते? यदि "ईश्वर", "परमात्मा", "भगवान", "अल्लाह", "वाहिगुरु" ने ही सब कुछ बनाया है, जिसकी अनुमति के बिना एक पत्ता भी नहीं हिल सकता, तो फिर अलग-अलग जंगलों में रहने वाले जानवर अलग-अलग क्यों हैं? जबकि वहाँ का हवा-पानी एक जैसे हैं।

चार्ल्स ने अपना शोध जारी रखा और इन उभरते सवालों के जवाब के बारे में तार्किक रूप से सोचना शुरू किया। धीरे-धीरे यह बात पक्की होने लगी कि सब कुछ परिवर्तनशील है और परिवर्तन ही जीवन है। यह समय और प्राकृतिक घटनाओं के साथ-साथ हवा और पानी से भी प्रभावित होता है जो इस परिवर्तन में मदद करता है। यह परिवर्तन प्रकृति का नियम है और इसमें किसी भी "सम्राटों के सम्राट", "पूर्वदर्शी शक्ति" की कोई भूमिका नहीं है। इन बातों का संकेत चार्ल्स के दादा चिकित्सक इरास्मस डार्विन और महान फ्रांसीसी वैज्ञानिक जीन लैमार्क ने पहले ही दे दिया था। चार्ल्स डार्विन का सिद्धांत स्पष्ट होता जा रहा था कि जीवन का ब्रह्माण्ड एक ही जीव से प्रारम्भ हुआ है और वह एक ऐसा पूर्वज है, जिससे शाखाएँ फूटीं और उन शाखाओं से आगे शाखाएँ इसी प्रकार फूटती रहीं और चली आ रही हैं।

जो पौधे और जानवर, पक्षी, इन पाँच सालों में चार्ल्स डार्विन ने एकत्र किए थे, उनमें से कई चीजें असाधारण थीं। चार्ल्स ने इस सारी घटना पर गंभीरता से विचार करना शुरू किया और यह निष्कर्ष निकालना शुरू किया कि जीव और पौधे धीरे-धीरे बदलते हैं और समय, वातावरण के अनुसार हमेशा एक जैसे नहीं रहते।

वह इस निष्कर्ष पर भी पहुँचे कि प्राकृतिक घटनाओं के कारण जीव-जंतु और पौधे उजड़ते भी रहते हैं और केवल वे ही जीवित रहते हैं, जो इन प्राकृतिक घटनाओं से बच सकते हैं। कमजोर जानवर और पौधे मर जाते हैं। अधिक जनसंख्या पर अंकुश लगाना एक प्राकृतिक घटना है। अस्तित्व के इस संघर्ष में, "प्राकृतिक चयन" सामने आता है। यही कारण है कि इस घटना से बचे रहने वाले जानवर और पौधे पनपते हैं और मृत प्रजातियाँ धीरे-धीरे समाप्त हो जाती हैं।

डार्विन की खोजों ने यह भी साबित कर दिया कि कैसे नर जानवर, जीव-जंतु, पक्षी और पौधे अपनी प्रजाति को आगे बढ़ाने के लिए एक-दूसरे से प्रतिस्पर्धा करते हैं और मादा को प्रभावित करके संभोग करते हैं।

चार्ल्स डार्विन ने अपने समय में उपलब्ध विज्ञान की पुस्तकों का गहन अध्ययन कर समझने का प्रयास किया और काफी समय अकेले बिताया। उनके अधिकांश मित्र "पिछड़े विचारों" से भरे हुए थे, लेकिन डार्विन की स्वतंत्र सोच ने नए सिद्धांतों को जन्म दिया, जिनकी उस समय उम्मीद नहीं थी। चार्ल्स ने अपने विचार अपने तक ही सीमित नहीं रखे, बल्कि उन्हें अपने परिचितों और परिवार के सदस्यों के साथ भी सांझा किया।

चार्ल्स डार्विन का पूर्णकालिक व्यवसाय अब अनुसंधान था। वह अब अपने शोध के लिए प्रसिद्ध हो चुके थे। उन्होंने अपने शोध पर बहुत मेहनत की और कई शोध-पत्र लिखे। आखिरकार 1859 में डार्विन की पुस्तक "ऑन द ओरिजिन ऑफ स्पीशीज" ने तहलका मचा दिया। हालाँकि डार्विन 15-20 वर्षों से अपने निष्कर्षों के आधार पर लेखों के माध्यम से वैज्ञानिकों को सब कुछ बता रहे थे, लेकिन कई वैज्ञानिक अभी भी ऐसे हैं, जिन्होंने उनके सिद्धांत मानने से इनकार कर दिया। चार्ल्स के अलावा अन्य लोगों की कुछ किताबें भी प्रकाशित हो चुकी थीं, लेकिन जिस स्पष्टता और तर्क के साथ चार्ल्स ने प्रस्तुत किया, उसकी कोई मिसाल नहीं थी। डार्विन की खोज पर टी.एच. हक्सले, जॉन टाइन्डल और हुकर ने पुष्टि की और 1879 तक लगभग सभी वैज्ञानिकों ने इसे स्वीकार कर लिया।

चार्ल्स डार्विन ने सिद्ध कर दिया कि इस भौतिकवादी संसार में जो घटनाएँ घटित हुई हैं या घटित होंगी, वे किसी "दिव्य" या "रचनात्मक शक्ति" की इच्छा से नहीं, बल्कि प्राकृतिक नियमों के अनुसार हैं। डार्विन के इस सिद्धांत ने मनोविज्ञान, पौधे और पशु विज्ञान, दर्शनशास्त्र और कई अन्य विज्ञानों के साथ-साथ साहित्य पर भी गहरा प्रभाव डाला। लोगों की सोच को एक अलग नजरिए से देखने का रास्ता डार्विन ने ही खोला। यही कारण था कि डार्विन की रचनाएँ समाज के सभी क्षेत्रों के लोगों द्वारा पढ़ीं और आज भी पढ़ी जा रही हैं। कई लोगों को

डार्विन के सिद्धांतों से नफरत थी, क्योंकि इस नए ज्ञान से उनकी रोजी-रोटी बंद हो गई थी और कई लोग इन सिद्धांतों को नकारने लगे और अपने-अपने अनुमान लगाकर समस्या का समाधान करने की कोशिश करने लगे और यह प्रयास आज तक जारी है। मजेदार बात यह है कि लोग आज भी डार्विन के सिद्धांतों पर लड़ते और बहस करते हैं। इसका अंदाजा इसी से लगाया जा सकता है कि उनके लेखन का कितना प्रभाव है। शायद चार्ल्स डार्विन का ही ऐसा खोज भरपूर तार्किक है, जिसे कोई भूल नहीं पाया है और न ही रहती दुनिया तक भूल पाएगा।

चार्ल्स डार्विन ने अपनी प्रसिद्ध पुस्तक में दो बातों पर प्रकाश डालने की कोशिश की है:- एक कि जीना कितना कठिन है और केवल वही जीवित रह सकते हैं जो आँधियों, तूफानों और कठिनाइयों से लड़कर जीवित रह सकते हैं। दूसरे, ये बच निकलने वाले कभी-कभी बहुत चालाकी से तो कभी खुद को मौके के मुताबिक ढालकर बच निकलते हैं। इस सिद्धांत को ही "प्राकृतिक चयन" या "सबसे योग्यतम की उतरजीविता" कहा जाता है।

डार्विन के सिद्धांत को हर्बर्ट स्पेंसर ने कुछ शब्दों में इस प्रकार वर्णित किया है:- (1) जीवों में जीवन के लिए संघर्ष (2) जीवन में जीत उन्हीं की होती है, जिनके पास स्थिति को नियंत्रित करने की पूरी क्षमता होती है।

डार्विन के बाद से विकासवाद के सिद्धांत का काफी विस्तार हुआ है, लेकिन इसका मूल मंत्र निकालने का श्रेय उन्हीं को जाता है। पहला विस्तार हर्बर्ट स्पेंसर द्वारा किया गया था। उन्होंने कहा कि आत्म-संरक्षण पशु प्रजातियों का उसूल है। मनुष्य वह सीढ़ी पार कर आया है। इसका विकास सूरत का विकास है और यह बुद्धिमत्ता की सीढ़ी तक पहुँचता है।

तर्कसंगत और प्रगतिशील विचारों वाले लोगों को समाज में विभिन्न समस्याओं का सामना करना पड़ता है। इसीलिए चार्ल्स डार्विन के सिद्धांतों से नफरत करने वालों की कमी नहीं थी। पादरियों ने डार्विन को पागल कहा और माँग की कि उसे और कड़ी सजा दी जाए। यहाँ तक कि उनके डॉक्टर पिता ने भी एक बार टिप्पणी की थी कि "चार्ल्स इतना मूर्ख है कि यदि आप उसके मस्तिष्क में छेद कर के बुद्धि डाली जाए, तो भी उसे बुद्धि नहीं आ सकती।" दूसरी ओर, यह भी सच है कि उसे प्यार करने वालों की संख्या कम नहीं थी। उसे कई समाजों के पदक, उपाधियाँ और सदस्यताएँ दी गईं। विज्ञान की दुनिया में ऐसा कोई सम्मान नहीं होगा जो चार्ल्स डार्विन को नहीं दिया गया होगा। यह बड़ी खुशी की बात है, वरना महान लोगों को जीवित रहते हुए नहीं समझा जाता और उनके साथ अत्याचार और घृणा का व्यवहार किया जाता है। और उनके कार्यों को उनकी मृत्यु के कई

वर्षों बाद उनके काम को महत्व दिया जाता है।

चार्ल्स डार्विन ने 1839 में एम्मा वेजवुड से शादी की। उनके दस बच्चे थे और डार्विन का घर प्रकृति के बीच घने जंगलों में था। वह शोर-शराबे से दूर रहना चाहते थे, ताकि खुल कर सोच-विचार कर सके। चार्ल्स, जो एक मधुर, शांत व्यक्ति थे, अपनी पीड़ा को दर्द के साथ देख सकता था, लेकिन जानवरों और बच्चों पर अत्याचार देखकर वह अपना आपा खो देते थे। चार्ल्स अपनी पत्नी और बच्चों से बहुत प्यार करते थे। उनके बच्चे अक्सर उनके अध्ययन कक्ष में घुस जाते थे, लेकिन कभी भी उन्हें परेशान नहीं करते थे या जब वह किसी गहरे विचार में डूबे होते थे तो उन्हें बुलाते नहीं थे।

चार्ल्स की पत्नी एम्मा बहुत धार्मिक थी, जबकि वह स्वयं नास्तिक थे। एम्मा इस बात से बहुत चिंतित थी कि उसका पति वैज्ञानिक सोच वाला था और ईश्वर के अस्तित्व में विश्वास नहीं करता था, इस कारण मरने के बाद उन्हें नरक में न जलना पड़े। एम्मा इन चिंताओं से मुक्त नहीं हो पाई थीं, जबकि डार्विन को इन बातों पर बिल्कुल भी भरोसा नहीं था। उन्होंने जीवन भर घर में यह विरोध झेला। इतिहास में ऐसा ही कुछ कई महान लोगों के साथ हुआ। कहा जाता है कि महापुरुषों में दार्शनिक सुकरात की पत्नी भी सुकरात के विचारों और लोगों से बहस से बहुत व्यथित रहती थीं। इसी तरह, अब्राहम लिंकन की पत्नी टॉड उन्हें हर समय चिढ़ाया करती थी और यह भी कहा जाता है कि लिंकन उनसे मजाक में कहा करते थे, "भगवान का नाम लिखने के लिए एक 'डी' की जरूरत होती है, लेकिन आपका नाम लिखने के लिए दो 'डी' की जरूरत होती है।" जब अब्राहम लिंकन की गोली मारकर हत्या कर दी गई तो कहा जाता है कि लिंकन की मौत गोली से नहीं बल्कि उनकी पत्नी की सदा की रोका-टोकी से हुई थी।

डार्विन ने अपने अंतिम दिनों में आत्मकथा लिखने पर विचार किया था, जिसमें उन्होंने अपनी मान्यताओं और के बारे में स्पष्ट रूप से लिखा है। यह पुस्तक उनकी मृत्यु के बाद उनकी पत्नी एम्मा वेजवुड द्वारा प्रकाशित की गई थी। एम्मा ने प्रकाशन से पहले और कुछ स्थानों पर बदलाव कर दिया। वह धार्मिक रंग के कारण ऐसा नहीं चाहती थी कि चार्ल्स डार्विन की नास्तिकता जग-जाहिर हो जाए और उसके बच्चों को इस वजह से लोगों को भला-बुरा सुनना पड़े। ऐसा कहा जाता है कि एक बार चार्ल्स के एक मित्र ने उससे स्पष्ट उत्तर देने का आग्रह किया कि वह ईश्वर के अस्तित्व को मानता है या नहीं, तो उसने लेटर पैड पर एक लाइन का उत्तर लिख दिया कि, "उसका धार्मिक किताबों में लिखे उत्पत्ति के "ईसाई" सिद्धांत में अब कोई विश्वास नहीं रहा।" उनका यह पत्र उनकी मृत्यु के

कई वर्षों बाद सामने आया और ये लिखी लाइन नीलामी में लाखों रुपये में बिकी।

यहाँ यह भी उल्लेखनीय है कि डार्विन की पोती नोरा वार्ली ने "जीवों की उत्पत्ति" पुस्तक के प्रकाशन के सौ साल बाद 1959 में अपने दादा की सारी सच्चाइयों को उजागर कर दिया था। उसने खुलकर लिखा कि उसके दादा के चर्च के साथ क्या मतभेद थे और बताया कि कैसे उनकी दादी ने आत्मकथा के साथ छेड़छाड़ की थी। उसने चार्ल्स डार्विन की आत्मकथा को पुनः प्रकाशित किया और उसमें बहुत खुले तौर पर लिखा कि चार्ल्स डार्विन ने बड़ी ईमानदारी और विनम्रता के साथ स्वीकार किया कि मेरा विश्वास कोई संयोग नहीं था, बल्कि यह मेरी खोजों के कारण ही मेरे बड़े-बड़े भ्रम दूर हुए। जैसे-जैसे मैं बुद्धिवाद का पल्ला पकड़कर खोजें करता गया, मेरा विश्वास ईसाई धर्म से दूर होता गया। उन्होंने लिखा है, "कि मेरा विश्वास बहुत धीरे-धीरे आगे बढ़ा और अब मुझे अपने विचारों पर पूरा विश्वास है। इस सब घटना में मुझे कोई दर्द महसूस नहीं हुआ। बल्कि अब मेरे लिए इस बात पर विश्वास करना मुश्किल हो रहा है कि क्यों इसे पढ़ने के बाद भी पढ़े-लिखे लोग ईसाई धर्म को सच मान लेते हैं। इसमें मेरे भाई, रिश्तेदार और अन्य लोग शामिल हैं।"

नोरा वार्ली लिखती हैं, "यह वह पैराग्राफ है, जहाँ मेरी दादी ने कैंची चलाई थी। उनकी दादी ने खुद एक हस्तलिखित नोट लिखा था जिसमें कहा गया था कि उन्हें यह बात पसंद नहीं है।" यह बात उन्हें हजम नहीं हुई। डार्विन को यह बात समझ में आ गई कि हजारों वर्षों से धार्मिक ग्रंथ, धर्मग्रन्थ और उनके ठेकेदारों का बोलबाला रहा है, लेकिन मनुष्य का भविष्य विज्ञान और दर्शन के हाथ में होगा। उन्होंने लिखा, ''मैंने विज्ञान का रास्ता पकड़ा है और सच्चाई लोगों के साथ सांझा की है।" उन्होंने अपनी आत्मकथा में विज्ञान के प्रति अपना प्रेम व्यक्त किया है। उन्होंने विज्ञान के प्रति अपना दृढ़ संकल्प और प्रतिबद्धता दिखाई है। शांत रहकर, कम बोलकर, लेकिन बाहर विरोध सहकर उन्होंने धर्म की सीमाओं को पार किया और विज्ञान के मार्ग की रक्षा की। यह कितना दुखद है कि वे जीवन-भर अपनी पत्नी एम्मा के साथ वैचारिक टकराव से उबर नहीं सके। अपनी बीवी से उन्हें बहुत प्रेम था। वह एम्मा, जो धार्मिक थी, के साथ शायद ही कभी इस बात पर बहस करते थे कि वह ईश्वर में विश्वास करती है या नहीं, और एम्मा को हमेशा से पता था कि उसका पति किसी भी अगम्य शक्ति में विश्वास नहीं करता था। एम्मा इन विचारों से बहुत दुखी हुई। एक बार उन्होंने दुखी होकर कहा था कि, ''हो सकता है आपकी वैज्ञानिक दृष्टि, तार्किकता और विज्ञान से परे भी कोई शक्ति हो। इसीलिए उन्हें सर्वशक्तिमान और इस ब्रह्मांड के स्वामी की अवधारणा की संभावना को पूरी

तरह से खारिज नहीं करना चाहिए। आप इस बात पर जोर देते रहते हैं कि सबूत बहुत महत्वपूर्ण है और यह अब आपकी आदत बन गई है। आपके दिमाग पर सिर्फ सबूतों का भूत सवार है। आपको यह समझना चाहिए कि कुछ चीजें ऐसी भी हो सकती हैं जिनके लिए प्रमाण की आवश्यकता नहीं हो, लेकिन वे बिल्कुल सच हो सकती हैं। ऐसी सच्चाइयाँ हमारी समझ से परे हो सकती हैं।"

चार्ल्स डार्विन बहुत साफ दिमाग के थे। उन्होंने बहुत कोशिश की कि एम्मा उनकी भावनाओं, तर्क और वैज्ञानिक सोच को समझ सके, लेकिन वे एम्मा की भावनाओं और सोच को नहीं बदल सके। एम्मा के सवालों के जवाब में वह लिखते हैं, 'जब मैं मर जाऊँगा तो तुम्हें समझ आएगा कि मैं तुमसे कितना प्यार करता हूँ और तुम्हारी इन बातों की वजह से मैं कितना दुखी हुआ हूँ और कितना रोया हूँ।'

यह डार्विन की दुविधा नहीं थी, बल्कि यह उन सभी जोड़ों की त्रासदी है जहाँ एक व्यक्ति के धार्मिक विचार इतने चरम हैं कि वे विज्ञान और तर्क को बर्दाश्त नहीं कर सकते। कट्टरता और सबूतों से लैस विचारों का टकराव बहुत दर्दनाक होता है और कट्टरता चाहे वह धार्मिक हो, राजनीतिक विचारधारा हो या सामाजिक घटनाएँ, रिश्तों में खटास और कड़वाहट पैदा करती है। कट्टर लोग दूसरों के अलग-अलग विचारों को स्वीकार करने के लिए सहमत नहीं होते हैं कि ये उनके अपने अलग-अलग विचार हैं और उनकी जीवन शैली है और इस अंतर को स्वीकार किया जाना चाहिए जैसा कि अंग्रेजी कहावत है:- "We agree to disagree." यानी हम इस बात पर सहमत हैं कि हम एक-दूसरे से सहमत नहीं हैं। यह सोच खुली और खुले विचारों वाली है और अधिकांश कट्टरपंथी इसे स्वीकार नहीं करते हैं।

जब एक नास्तिक की शादी धार्मिक रंगत वाली महिला से होती है, तो दिल और दिमाग के इस द्वंद्व में, यह केवल प्यार और आँसुओं का उपहार है जो उसे मिलता है

चार्ल्स डार्विन के बारे में कई झूठी कहानियाँ भी प्रचारित की जाती हैं कि जब वह मृत्यु के कगार पर थे, तो उन्हें अपनी खोजों पर पछतावा हुआ और उन्होंने ईसाई धर्म अपना लिया। शहीदे-आजम भगत सिंह के बारे में भी ऐसी ही बातें कही जाती हैं कि आखिरी समय में उन्होंने सिक्ख धर्म अपना लिया और भगवान में आस्था रखने लगे। यह झूठ भरी बातें वही लोग फैलाते हैं जो लोग चार्ल्स डार्विन या भगत सिंह के सिद्धांतों को मानने से इनकार करते हैं क्योंकि इससे धर्म के नाम पर उनका व्यापार बंद हो जाएगा। डार्विन की मौत और शहीदे-आजम भगत सिंह की मौत के बारे में कोई छुपी बात नहीं है।

चार्ल्स डार्विन के रिश्तेदार जो उनकी मृत्यु के समय उनके आसपास थे, उन्होंने चार्ल्स के अंतिम क्षणों के बारे में बहुत सारे लेख लिखे हैं और इस बात की पुष्टि की है कि चार्ल्स डार्विन ने अपनी अंतिम साँस तक अपने सिद्धांतों और मान्यताओं पर दृढ़ रहा। शहीदे-आजम भगत सिंह के बारे में भी यही सच है।

तर्क और विज्ञान का साक्ष्य आधारित दृष्टिकोण कट्टरपंथियों के लिए हजम नहीं होता है, जबकि वे हर पल जीवन की सुख-सुविधाएँ विज्ञान और तर्क के कारण ही ले रहे हैं। 2008 के सितंबर माह में इंग्लैंड के चर्च, जिसने डार्विन का घोर विरोध किया था, ने सार्वजनिक रूप से माफी माँगी कि वे चार्ल्स डार्विन के सिद्धांत को नहीं समझ नहीं सके थे। चर्च के अधिकारियों ने दिवंगत पोप जॉन पॉल इलेवन की माफी का विरोध करते हुए टिप्पणी की कि गैलीलियो का 1633 का परीक्षण कि "पृथ्वी सूर्य के चारों ओर घूमती है" गलत था। गैलीलियो को अपने जीवन के अंतिम वर्ष जेल में बिताने पड़े।

अब इंग्लैंड के प्रमुख चर्च ने वेबसाइट पर लिखा है:- "चार्ल्स डार्विन आपके जन्म की 200वीं वर्षगाँठ (1809) पर चर्च ऑफ इंग्लैंड माफी माँगता है कि हमने आपको गलत समझा और दूसरों को आपको गलत समझने के लिए प्रेरित किया और आज भी ऐसा कर रहे हैं। लेकिन अपनी गरिमा के लिए संघर्ष अभी खत्म नहीं हुआ है। समस्या धर्म पर आपके खुले विचारों की नहीं है, बल्कि उन लोगों की है जो अपने हितों के लिए आपका इस्तेमाल करना चाहते हैं।"

रही बात हितों की, तो इसमें नास्तिकों का क्या हित हो सकता है? ईश्वर या चर्च में विश्वास न करके नास्तिक कौन सा व्यवसाय या अन्य लाभ बढ़ाते हैं? जबकि ऐसा होता है, चर्च और धार्मिक लोग निश्चित रूप से घाटा होता है। उनका रोजी-रोटी का कारोबार बंद हो जाता है और चर्च और अन्य पूजा स्थलों को ताला लग जाता है।

चार्ल्स डार्विन के पड़पोते, एंड्रयू डार्विन ने माफी के बारे में हँसते हुए कहा, "अब माफी माँगने का क्या मतलब है?" 200 साल बाद माफी माँगने से इन्हें सांत्वना ही मिली होगी, और कुछ नहीं।"

नेशनल सेक्युलर एसोसिएशन के अध्यक्ष टेरी सैंडर्सन ने कहा:- "किसी व्यक्ति की मृत्यु के इतने समय बाद उससे माफी माँगना बेतुका है। संदेश में कोई ईमानदारी नहीं है। यदि संदेश यह है कि अब से वे चार्ल्स डार्विन के सिद्धांत की वकालत करेंगे, यदि वे ऐसा करते हैं, तो हम डार्विन की माफी स्वीकार करने के लिए तैयार हैं।"

चार्ल्स डार्विन एक बहुत प्यारे व्यक्ति और शांतिप्रिय व्यक्ति थे। वह बहुत दयालु, नरम दिल, विनोदी व्यक्ति थे जो अहंकारी से कोसों दूर थे। जबकि वह दुनिया भर के शीर्ष वैज्ञानिकों में से थे और उनके साथ उनका जुड़ाव था। वह हमेशा अपने काम में तल्लीन रहते थे और इसीलिए, कुछ वर्षों तक लंदन में रहने के बाद, वह चुपचाप डाउन में समुद्र के किनारे रहने के लिए चले गए। वह शोर-शराबे से दूर भी रहना चाहते थे ताकि वह अपने मन में शांति से सोच सके और दूसरी बात यह थी कि उसके स्वास्थ्य ने कभी उसका साथ नहीं दिया। वह लगभग 33 वर्ष के थे, तब उनका स्वास्थ्य बिगड़ने लगा, जिससे यह नाजुक व्यक्ति जीवन भर परेशान रहा। उनकी जिंदगी में शायद ही कोई दिन ऐसा होगा जब वह खुद को स्वस्थ महसूस करते होंगे। लेकिन अपनी खराब सेहत को लेकर वह चुप रहे। जब वे अपने शोध के दौरान पाँच वर्षों तक कठिन समुद्री यात्रा पर गये, तो उनके पेट में समुद्री बीमारी (Sea Sickness) हो गई और वे बीमार रहने लगे। लेकिन उनकी सोच हमेशा टिपटॉप और तरोताजा रहती थी।

जब चार्ल्स छोटे थे तो वे बाहर से विभिन्न प्रकार के पौधे, फूल और जानवर लाते थे और उन्हें इकट्ठा करते थे और उनका विवरण लिखते थे। चार्ल्स डार्विन ने बाद में एक बार कहा था:- "एक बच्चा जो चीजें इकट्ठा करना पसंद करता है वह या तो कंजूस होता है या कला संग्राहक या प्रकृति के बारे में उत्साहित होता है।"

चार्ल्स डार्विन ने अपनी प्रसिद्ध पुस्तक लिखते समय बहुत मेहनत की। यहाँ तक कि उन्होंने एक कहानी लिखने में भी तीन-तीन महीने खर्च किए। हमारा यह महान वैज्ञानिक 19 अप्रैल 1882 को हमें हमेशा के लिए छोड़कर चला गया। उनके शरीर को वेस्टमिंस्टर एब्बे में दफनाया गया था। उनकी मृत्यु के बाद उनके सभी कागजात संरक्षित करके कैम्ब्रिज यूनिवर्सिटी लाइब्रेरी में रखे गए।

ब्रिटिश दस पाउंड के नोट पर उनकी तस्वीर छापकर उस महान व्यक्ति को श्रद्धांजलि भी दी गई है।

यह भी याद रखने योग्य है कि कुछ ऐसे दस्तावेज भी उपलब्ध हैं जिनसे पता चलता है कि चार्ल्स डार्विन ने न केवल जानवरों को देखकर, बल्कि विज्ञान के अपने कई सिद्धांतों के लिए अपने बच्चों का भी इस्तेमाल किया था। डार्विन और उनके बच्चों के कई पत्र सामने आए हैं, जिनसे चौंकाने वाली जानकारी पता चली हैं, साथ ही डार्विन की नोटबुक भी सामने आई हैं, जो इस स्थिति का खुलासा करती हैं।

जब डार्विन के बेटे विलियम का जन्म हुआ, तो उन्होंने अपने बेटे की हर हरकत को रिकॉर्ड करना शुरू कर दिया। आज अगर हम डार्विन की नोट बुक पढ़ें तो उसमें

अपने बेटे के बारे में डार्विन की लिखी बातें बेहद हैरान करने वाली हैं। कैंब्रिज विश्वविद्यालय में रखी डार्विन की नोटबुक में उनके निजी जीवन में विज्ञान के दखल का दस्तावेजी सबूत है। डार्विन अपने बेटे के बारे में लिखते हैं, "पहले हफ्ते तक वह एक बूढ़े आदमी की तरह इधर-उधर घूमता रहा, हिचकियाँ लेता रहा, छींकता रहा और चूसता रहा..."

आज हम डार्विन के सिद्धांतों से भली-भाँति परिचित हैं। लेकिन उनके निजी जीवन के बारे में बहुत कम लोग जानते हैं, और यहाँ तक कि उनके परिवार ने उनके सिद्धांत की खोज में कैसे मदद की, इसके बारे में भी कम लोग जानते हैं।

डार्विन के बेटे विलियम का जन्म लंदन चिड़ियाघर में ऑरंगुटान जेनी (एक प्रकार का बंदर) से मिलने के एक साल बाद हुआ था। नेशनल यूनिवर्सिटी ऑफ सिंगापुर के विशेषज्ञ वह कहते हैं, "जेनी के माध्यम से डार्विन ने पृथ्वी पर मानव विकास को समझने की कोशिश की। जिस समय उनकी मुलाकात जेनी से हुई, वे मानव विकास के बारे में सोच रहे थे। उन्होंने कई सिद्धांतों का प्रस्ताव रखा, जिन पर काम चल रहा था। जेनी से पहले वे मनुष्य के किसी करीबी रिश्तेदार से नहीं मिले थे, उनके लिए यह समझना आसान था कि मनुष्य के पूर्वज बंदर थे।" वह कहते हैं, "जब डार्विन जेनी से मिले, तो उनके मन में यह विचार आया कि इंसानों का बंदरों के साथ किसी तरह का रिश्ता होना चाहिए। जब उन्होंने जेनी की हरकतों और उसके हाव-भाव पर गौर किया तो उन्हें अपनी बात सच लगी।"

ये हैं हमारे महान वैज्ञानिक चार्ल्स डार्विन के अनमोल वचन:-

* ऐसा नहीं है कि केवल सबसे शक्तिशाली या सबसे बुद्धिमान प्राणी ही जीवित रह सकता है, बल्कि केवल वही जीवित रहता है जो परिवर्तन के अनुकूल ढल सकता है।

* गरीबों की दयनीय स्थिति प्राकृतिक नियमों के कारण नहीं, बल्कि हमारी व्यवस्थाओं के कारण है। क्या हम बड़े "पापी" नहीं हैं?

यह भी याद रखने योग्य है कि डार्विन इतने सरल स्वभाव के थे कि कार्ल मार्क्स और एंगेल्स ने कार्ल मार्क्स की युग-प्रवर्तक पुस्तक "दास कैपिटल" उन्हें समर्पित करने की पेशकश की, लेकिन डार्विन ने इनकार कर दिया।

***

"विज्ञानी संत" पुस्तक के अस्तित्व में आने की कहानी

जब मैं 1964 में इंग्लैंड आया तो यहाँ भारतीयों की आबादी बहुत कम थी, सामान्य लोग फाउंड्री कारखानों में काम करते थे, जैसे-जैसे भारतीयों की आबादी बढ़ने लगी, मंदिर, मस्जिद और गुरुद्वारे अस्तित्व में आने लगे और भारत से भी सभी प्रकार के तथाकथित बाबाओं का आना शुरू हो गया, कुछ कीर्तनकारों के रूप में, कुछ पुच्छा देने वाले, कुछ सभी प्रकार की समस्याओं का समाधान करने वाले, जिनके जाल में भारतीय, विशेषकर पंजाबी लोग ऐसे फँसे कि आज भी फँसे हुए हैं, अंधविश्वास के जाल में फँसे इन लोगों को इन तथाकथित बाबाओं द्वारा लूटा जा रहा है।

चूँकि मैं शुरू से ही नानक बाणी का पाठ करता हूँ, हर दिन जब मैं अमृत-काल में गुरु ग्रंथ साहिब का एक अंग पढ़ता, तो उसे शुरू करने से पहले मुझे बिजली जलानी पड़ती, तो एक प्रश्न मेरे जेहन में उठता कि अगर थॉमस एडिसन और माइकल फैराडे ने अपना पूरा जीवन बिजली की खोज में न बिताया होता, तो मैं आज बाणी नहीं पढ़ पाता, इस विचार ने ही मुझे उन आविष्कारकों की जीवनियाँ पढ़ने के लिए प्रेरित किया, जिन्होंने हमें जीवन में सुविधाएँ दीं, जिन्होंने हमें बिजली, रेलगाड़ी, मोटरकार, हवाई जहाज, टेलीफोन, कंप्यूटर दिए और जिन्होंने यहाँ तक बताया कि पौधों में भी जीवन है। और जब मैं इन महान वैज्ञानिकों के उपहारों की तुलना करता हूँ, जिनका लाभ पूरी दुनिया के लोग उठाते हैं, तो हमारे स्वयंभू तथाकथित बाबाओं से इन वैज्ञानिकों की तुलना करता हूँ, जो सिवाय लोगों को अंधविश्वास में फँसाने और मेहनतकश लोगों का शोषण करने के कुछ भी नहीं करते। दूसरी ओर, इन वैज्ञानिकों द्वारा आविष्कृत सुविधाओं का लाभ पूरी दुनिया उठाती है।

आश्चर्य और दुख की बात तो यह है कि हम इन वैज्ञानिक संतों द्वारा आविष्कृत सुविधाओं का उपयोग करते हैं। पर पूजा इन पाखंडी साधुओं की करते रहते हैं, जो लोगों को मूर्ख बनाकर अपने महल बनाते हैं। ऐसे बहुत कम लोग होंगे जो दैनिक जीवन में इन वैज्ञानिकों को याद करते हों, इन्हें धन्यवाद देते हों। शायद वे उंगलियों पर गिने जा सकें। इससे पता चलता है कि हम भारतीय मूल के लोग कितने नाशुक्रे और कृतघ्न हैं।

यही विचार मुझे बार-बार बेचैन कर देता था कि हम लोग इन वैज्ञानिकों द्वारा खोजी सुविधाओं का प्रतिदिन उपयोग करते हैं। इनकी जीवनियों से पंजाबी

लोगों को अवगत कराने के लिए एक पुस्तक प्रकाशित की जानी चाहिए, ताकि उन्हें यह पता चल सके कि ये लोग भी हमारे जैसे सामान्य स्तर से उठकर महान वैज्ञानिक बने थे। मैंने इस संबंध में डॉ. हरीश मल्होत्रा से अनुरोध किया और उन्होंने बिना देर किये, कुछ ही महीनों में इस किताब को पूरा कर दिया और किताब की पांडुलिपि छपाई के लिए डॉ. राम मूर्ति* को भेज दी।

जब पुस्तक के नामकरण की बात आई तो मेरा विचार था कि हमारे तथाकथित साधु-संत अपने कारनामे दिखाकर जेलों में पड़े हैं और बचे हुए भोले-भाले लोगों को भ्रम में डालकर लूट रहे हैं। तो असली साधु-संत तो वे थे जिनकी प्रदान की गई सुविधाओं का लाभ हम अपने दैनिक जीवन में उठाते हैं, इस प्रकार पुस्तक का नाम "विज्ञानी बाबे" (विज्ञानी संत) रखा गया।

--- निर्मल सिंह *संघे खालसा*

(समाजिक कार्यकर्ता; संघे खालसा गाँव (तहसील नूरमहल, जालंधर) के निवासी; अनेक समाज-कल्याण के काम किए, जिनमें प्रमुख हैं:- वृक्षारोपण, जरुरतमन्द विद्यार्थियों की आर्थिक सहायता, अनेक गरीब लड़कियों के विवाह, पुस्तक-प्रेमी, लेखक के प्रिय मित्र, इनकी पुस्तकों का निःशुल्क वितरण किया, 2024 में आपकी मृत्यु हो चुकी है।)

** डॉ. राम मूर्ति : पंजाबी कवि और लेखक; काला संघीया (जालंधर) में विद्यालय-अध्यापक*

पुस्तक के कुछ श्रेष्ठ अंश

* भारतीय लोग अगम्य शक्तियों और देवताओं की भूलभुलैया में समय बर्बाद करते रहे हैं और (अभी भी) कर रहे हैं, जबकि पश्चिम के वैज्ञानिकों ने प्रकृति के रहस्यों को जानने और समझने में अपना जीवन लगा दिया।...

* हमने बाबाओं, साधुओं, स्वामियों की लाखों की फौज तैयार कर ली है जो समाज पर एक धब्बा तो है ही, बल्कि ये आलसी लोग समाज पर बोझ हैं, जिन्होंने कभी कोई शारीरिक श्रम नहीं किया और वे भिखारियों की तरह परिश्रमी मनुष्यों के बल पर मुफ्त में खाते हैं। जबकि पश्चिमी समाज के वैज्ञानिक दिन-रात अपने जुनून में डूबे रहे, ताकि कायनात के रहस्यों को जानकर मानव-जीवन को कष्टों, कठिनाइयों और रोगों से मुक्ति दिला सकें। ये लोग सच्चाई में रहते हैं, जबकि भारतीय जनता मोह-माया और शेख चिल्ली के सपनों में भटक रही है। हमें निर्णय करना होगा कि हम सच के साथ खड़े हैं या झूठ के साथ। यह पुस्तक आपको यह निर्णय लेने में मदद करेगी। (लेखक की बात - जिंदगी जीने का एक नजरिया)

* इन महापुरुषों के जीवन से यह सीख मिलती है कि जीवन की सफलता ज्ञान का पुजारी बनने में है, लक्ष्मी का पुजारी बनने में नहीं।... इस जीवन का खेल एक न एक दिन समाप्त हो जाता है। बड़े-बड़े विद्वान, दार्शनिक, मार्गदर्शक और दुनिया का भला चाहने वाले वैज्ञानिक कभी नहीं मरते। (न्यूटन)

* यह बात इन लोगों से सीखने वाली है कि ये लोग अपने वैज्ञानिकों का कितना सम्मान करते हैं। (जॉर्ज स्टीफेंसन)

* जो युवा ज्ञान की ऊँची घाटियों पर चढ़ना चाहते हैं, उन्हें विचार की झाड़ू से अपने दिलों को अच्छी तरह से साफ करना चाहिए। जब अवगुणों का जनक अभिमान मिट जाता है तो प्रकृति स्वयं ऐसा मिलन करा देती है, जिससे उनकी चेतना का भली-भांति विकास हो सके। पढ़ना और ज्ञान प्राप्त करना अच्छा है, और अच्छे लोगों की संगति अच्छी है, लेकिन ये तो संसाधन हैं। असली बात तो अपने दिल की गहराइयों को भेदना है। जिस तरह से मोती समुद्र की तलहटी में दबे हुए होते हैं, उसी तरह मानव-जीवन के मोती भी मन रूपी सागर की तलहटी में दबे हुए होते हैं।...

* वस्तुतः यह सब विज्ञान का आशीर्वाद है और फैराडे जैसे वैज्ञानिकों की मेहनत है, जिन्होंने मनुष्य को इन ऊँचाइयों तक पहुँचाया है। हमारा भी कर्तव्य है कि हम इस कार्य में अपना जीवन समर्पित करें और मानवता को और अधिक ऊँचा

उठायें। सफल जीवन तो विज्ञान के सच्चे पुजारियों का है। वे अपना भी जीवन आनंदमय व्यतीत करते हैं और आने वाली पीढ़ियों के लिए सुख, आनंद और उच्च जीवन के द्वार खोल जाते हैं। (माइकल फैराडे)

* एक बार, एक रेबीज कुत्ते के मुँह से लार की नली लेते समय लार उसके ही मुँह में आ गई। जिस प्रकार स्वतंत्रता सेनानी अपने विचारों के लिए अपनी जान दे देते हैं, उसी प्रकार वैज्ञानिक भी ज्ञान के शहीद होते हैं, कुछ मर जाते हैं और कुछ जीवित रहते हैं, लेकिन दोनों ही पक्ष जान की बाजी लगाते हैं।...

* लुई पाशचर अपने काम में इतना तल्लीन रहते थे कि उन्हें विश्वविद्यालय की बैठकें भी याद नहीं रहती थीं और उनकी प्रेमिका प्रयोगशाला में जाकर उन्हें याद दिलाती रहती थीं। यह भी किस्सा मशहूर है कि अपनी ही शादी के दिन भी, उन्हें याद दिलाने के लिए उनके दोस्तों को प्रयोगशाला में जाना पड़ा था।...

* इन महापुरुषों की कमाई के कारण ही "कार्य करना" वैज्ञानिक बनने का पहला गुण बन गया। जब छात्र कॉलेज में विज्ञान की कक्षाओं में प्रवेश करते थे, तो उन्हें पहला गुर बताया जाता था:- "WORK IS WORSHIP FOR A SCIENTIST" यानी - एक वैज्ञानिक के लिए काम ही पूजा है। अपने अंतिम दिनों में, जब लुई पाशचर के शिष्य उनसे मिलने आते थे, तो वह उन्हें यही सिखाता था, "कार्य में लीन रहो।" (लुई पाशचर)

* ऐसा कहा जाता है कि जब एडिसन प्रकाश बल्ब का आविष्कार कर रहे थे, तो उन्हें जानने वाले लोग अक्सर उनसे कहते थे, "आप यूँ ही झख मार रहे हैं।" लेकिन उसे खुद पर भरोसा था और वह नम्रता से यह कहते हुए चला गया, "बस थोड़ा समय और चाहिए।" उन्होंने दिन-रात विभिन्न धातुओं के साथ प्रयोग किए और अंततः सफल हुए।... (थॉमस अल्वा एडिसन)

* वैज्ञानिक अनुसंधान में असफल प्रयोग जैसी कोई चीज नहीं होती। हर अनुभव कुछ न कुछ सिखाता है। यदि हम वांछित परिणाम प्राप्त नहीं कर पाते और रुक जाते हैं, तो यह मानवीय विफलता है, प्रयोग की नहीं।(अलेक्जेंडर ग्राहम बेल)

* दो चीजें अनंत हैं:- ब्रह्मांड और मानव मूर्खता; और मैं ब्रह्मांड के बारे में पक्के तौर पर नहीं कह सकता हूँ।

* एक ऐसा व्यक्ति जिसने कभी गलती नहीं की, उन्होंने कभी कुछ नया करने की कोशिश नहीं की।

* हर आदमी प्रतिभाशाली है; लेकिन अगर आप किसी मछली को उसकी पेड़ पर चढ़ने की क्षमता से आँकेंगे, तो वह अपना पूरा जीवन यह सोचकर जिएगी कि

वह बेवकूफ है। (अल्बर्ट आइंस्टाइन)

* जब नागासाकी पर परमाणु बम गिराया गया तो अमेरिका की जीत हुई। लेकिन उल्लेखनीय बात यह है कि जब आइंस्टाइन राष्ट्रपति रूजवेल्ट से मिलने के बाद वे घर लौटे, तो उन्होंने वही कपड़े पहने हुए थे, जो उन्होंने घर जाते समय पहने थे और उनके हाथ में सूटकेस ज्यों का त्यों बंद था। उनकी पत्नी ने हँसते हुए कहा, ''तुम कुछ नहीं सीखोगे'' आइंस्टाइन के चेहरे पर हमेशा मुस्कान रहती थी और वह अपनी पत्नी के सवाल का जवाब भी उसी मुस्कान के साथ देते थे। (अल्बर्ट आइंस्टाइन)

* मानवता विज्ञान में है, धर्मों में नहीं। यह राजनीति ही है, जो मानवता को नष्ट करने के लिए विज्ञान का उपयोग करती है, वैज्ञानिक इसे कभी प्रोत्साहित नहीं करते।

* शादी में, "फैशनेबल शादी के कपड़े" पहनने के बजाय, उन दोनों ने गहरे नीले रंग का लैब कोट पहना था, जिसे वे अपनी शादी के बाद वर्षों तक लैब में इस्तेमाल करते रहे। (मैरी क्यूरी)

* डॉ. खुराना के एक अमेरिकी मित्र ने लिखा है कि खुराना बहुत ठंडे और शांत स्वभाव के हैं, लेकिन जब भारत के बारे में कोई बात होती है, तो वे कटु हो जाते हैं। उनका जन्म भारत में हुआ था। उनके तीन भाई दिल्ली में रहते थे। पूरा देश जश्न मना रहा था और उनके गले में फूलों की मालाएँ डालने के लिए तैयार बैठा था। वे देश की नागरिकता त्यागकर अमेरिकी नागरिक बन गये थे और हार डलवाने के लिये भी अपनी जन्मभूमि की ओर नहीं आये। यह विचारणीय बात है।...

* जहाँ शक्ति का प्रभुत्व होगा, वहाँ विज्ञान पनप नहीं सकता। जब से हमारे देश को स्वराज मिला, तब से यहाँ सत्ता की भावना प्रबल है और हर क्षेत्र में सत्ता की चर्चा जोरों पर है। कैम्ब्रिज में, ऑक्सफोर्ड में और अन्य विकसित देशों के विश्वविद्यालयों में, लोग शिक्षण और अनुसंधान में लगे हुए हैं। योग्यता की कद्र हर जगह होती है। ताकतवर लोग इन्हें अपने संघर्ष का अखाड़ा नहीं बना सकते।... जिस प्रकार बरगद के पेड़ की छाया में गुलाब का पौधा नहीं पनप सकता, उसी प्रकार राजसी छाया में शिक्षा का पौधा सूख जाता है। (डॉ. हरगोविंद खुराना)

* एक शाम, कार्यालय में अपना काम खत्म करने के बाद, वह ट्राम में चढ़े और अपने घर वापस जा रहे थे, तभी उन्होंने एक पट्टी पर, "द इंडियन एसोसिएशन फॉर द कल्टिवेशन ऑफ साइंस" लिखा देखा, तो रमन ऐसे उत्साहित हो गए, मानो भांग का नशा चढ़ गया हो। जोश में आकर, वे चलती ट्राम से कूद गए और टूटी हुई इमारत में पहुँच गए। (सर सी.वी. रमन)

www.ingramcontent.com/pod-product-compliance
Lightning Source LLC
Chambersburg PA
CBHW041328120726
48005CB00014B/2164